바닷속 보물선은 누구 것인가요?

바닷속 보물선은 누구 것인가요?

보물선에 관한 법률 이야기

초판 1쇄 발행 2019년 12월 20일

지은이 박성욱
펴낸이 이원중

펴낸곳 지성사 **출판등록일** 1993년 12월 9일 **등록번호** 제10-916호
주소 (03458) 서울시 은평구 진흥로 68(녹번동) 정안빌딩 2층(북측)
전화 (02) 335-5494 **팩스** (02) 335-5496
홈페이지 www.jisungsa.co.kr **이메일** jisungsa@hanmail.net

ISBN 978-89-7889-429-6 (04400)
ISBN 978-89-7889-168-4 (세트)

이 도서의 국립중앙도서관 출판예정도서목록(CIP)은 서지정보유통지원시스템
홈페이지(http://seoji.nl.go.kr)와 국가자료종합목록 구축시스템(http://kolis-net.nl.go.kr)에서
이용하실 수 있습니다. (CIP제어번호: CIP2019050395)

바닷속 보물선은 누구 것인가요?

보물선에 관한 법률 이야기

박성욱
지음

차례

여는 글 … 6

01 우리는 보물선에 왜 열광하는가? 9

우리나라에도 보물선이 있을까? … 10

보물선을 둘러싼 법률 맛보기 … 18

국제법과 국내법은 어떠한 차이가 있을까? 18 / 보물선이 발견되면 어떠한 법이 먼저 적용이 될까? 19

02 보물선을 바라보는 두 가지 시각 21

문화적인 가치와 경제적 가치 … 22

원래 장소 보존인가, 발굴인가? … 30

03 딱딱하고 어렵지만 꼭 짚어야 할 법률 이야기 37

보물선 기사를 접할 때 드는 의문 … 38

관할권과 소유권의 구별은 기본 … 41

알아보기_ 관할해역은 어떻게 구분할까? … 44

보물선 처리를 위한 국제조약 … 48

「유엔해양법 협약」 49 / **알아보기_** 「유엔해양법 협약」이란? 50 / 유네스코 「수중문화유산 보호협약」 54 / **알아보기_** 침몰 군함과 관련한 유네스코 「수중문화유산 보호협약」 관련 규정 60 / 침몰 군함에 대한 이론과 실제 62 / **알아보기_** 수중문화유산에 대한 국가관할권 66

보물선 처리를 위한 국내법 … 68

「국유재산에 매장된 물건의 발굴에 관한 규정」 69 / 「매장문화재 보호 및 조사에 관한 법률」 72 / 「유실물법」 76 / 「민법」 77 / 「공유수면관리 및 매립에 관한 법률」 78

04 우리 주변의 보물선 발굴 이야기 83

보물선 주인을 찾기 위해 살펴봐야 할 것들 … 84

우리나라 인근의 보물선 발굴 … 87

신안 해저유물 발굴 87 / 고승호 발굴 90 / 야마시타 보물선 94 / 돈스코이호의 발견」 96

외국의 보물선 발굴 … 101

오디세이 사건 101 / 나히모프호 사건 106 / 미국 · 구소련 간 핵잠수함 인양사건 108 / 시 헌터 사건 110 / 앨라배마호 사건 114

05 보물선에 대한 새로운 시각 117

참고 문헌 … 124

사진 출처 … 125

■ 여는 글

바다에는 보물이 있다. 전 지구 면적의 약 70퍼센트를 차지하고 있는 바다에는 전 지구 생물의 80퍼센트가 살고 있으며 우리의 산업을 지탱하는 광물 자원도 있다. 바다는 인류가 생존하는데 필수적인 산소를 75퍼센트 생산할 뿐 아니라, 지구를 뜨겁게 하는 이산화탄소도 50퍼센트나 흡수하고 있다. 한마디로 바다 자체가 보물이다. 하지만 이러한 것들은 피부에 와닿지 않아 별로 귀하게 여겨지지 않을 수도 있다. 보통 사람들에게 보물이란 귀금속이나 골동품처럼 반짝거리거나 희귀한 것이기 때문이다.

그런데 바다에는 최근 우리 사회를 떠들썩하게 했던 보물선이 실제로 있다! 보물선이라 하면 스티븐슨의 『보물섬』이라는 소설이 떠오르는 사람도 많을 것이다. 그 책 덕분에 보물선이라는 말만 들어도 바다로 보물을 찾아 나서고 싶은 DNA가 되살아나는 게 아닌가 싶다. 하지만 보물선은 귀금속을 품고 있는 난파선이 아니라 타임캡슐이라 할 수 있다. 보물선은 한 시대를 고스란히 품고 바다에 잠들어 있으니 그 자체로 귀하다.

필자가 『바닷속 보물선은 누구 것인가요?』를 쓴 이유는 보물선에 대해 제대로 알려주고 싶어서였다. 20년 전 수중문화유산 보호와 관련한 박사 논문을 쓴 이후, 바다에 숨겨져 있는 타임캡슐에 관심을 두고 있었다. 그러나 보물선이 발견될 때마다 신문 등 매체 등에서 오로지 경제적 가치에만 초점을 맞추었다. 이에 따라 보물선 찾기를 둘러싼 부정적 문제가 끊임없이 벌어졌고, 보물선의 진정한 가치는 훼손되는 경우가 많았다. 필자는 늘 안타까움이 컸던 터라 보물선의 진정한 가치를 알리는 한편, 보물선을 둘러싼 여러 문제를 조금이나마 해결할 수 있는 방법에 집중했다.

많은 사람들이 보물선에 관심이 크지만, 보물선의 진정한 의미는 모르고 있다. 그러다 보니 평생을 보물선 찾다가 인생을 소진하는 사람들이 늘어났고, 국가와 개인의 손해로 이

어졌다. 게다가 보물선과 관련한 법률문제를 간과하고 법률을 자의적으로 해석하여 대형 사기사건이 벌어지기도 했다.

해양과학기술의 비약적인 발전에 따라 보물선 발견과 발굴이 더욱 쉬워지고 있다. 따라서 경제적 관점에 치우쳤던 보물선을 문화적 관점에서 바라볼 필요가 있으며, 이러한 관점의 변화는 금은보화보다 더 큰 보물로 돌아올 수도 있다. 문화적 관점에서 바라본 보물선이 게임이나 소설, 영화의 콘텐츠로 활용되어 보물선을 둘러싼 부정적인 문제가 조금이나마 해결되기를 기대해 본다.

마지막으로 딱딱한 법률문제를 독자들이 읽기 쉽게 고쳐 준 한국해양과학기술원의 조정현 선생, 그림 자료 수집과 세심한 교정에 힘써 준 지성사에도 감사의 마음을 전한다.

01

우리는 보물선에 왜 열광하는가?

우리나라에도 보물선이 있을까?

한때 전 세계의 바다를 제패했던 영국의 작가 로버트 스티븐슨Robert L. B. Stevenson은 『보물섬』이라는 소설을 발표해 전 세계 사람들에게 미지의 섬에 있는 보물에 대한 환상을 심어주었다. 보물섬의 지도를 얻은 소년이 해적에 맞서 온갖 모험을 펼친 뒤 엄청난 보물을 얻는 이야기는 그 후 여러 소설과 영화의 고전이 되었다.

1981년 고고학자이면서 보물 탐사와 모험을 즐기는 존스 박사의 「인디아나 존스」 시리즈를 비롯하여 보물을 찾아 떠나는 말썽꾸러기 아이들의 모험을 그린 영화 「구니스」(1985), 해적들의 보물 쟁탈전 「캐러비안의 해적」 2편 '망자의한'(2003) 등 수많은 모험을 그린 오락영화들이 대중의 인기를 끌었다. 이렇듯 바다의 보물에 대한 이야기는 남녀노소 모두 좋아하고, 나아가 한번쯤 보물섬을 찾아 나서고 싶은 충동을 느끼게 한다.

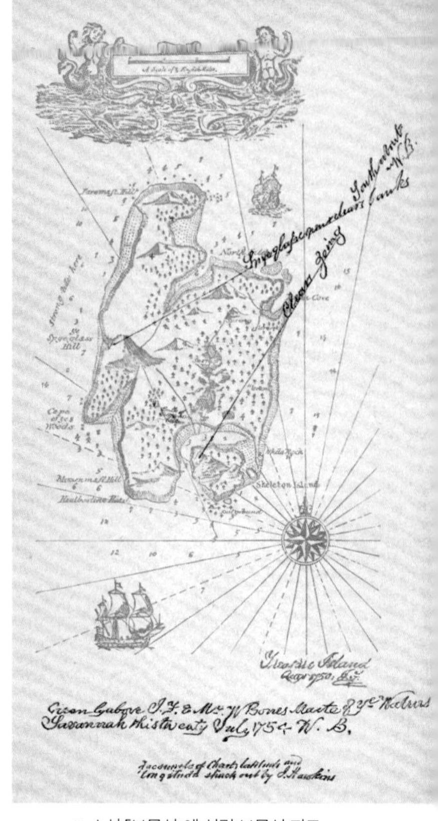

▲ 소설「보물섬」에 실린 보물섬 지도
(1883년 12월 14일 카셀에서 초판 출간)

만일 이러한 보물이 정말로 바다에 있다면 어떨까? 만일이라는 조건을 붙이기는 했지만, 바다에는 정말로 보물이 있다. 물론 소설이나 영화 속의 보물처럼 번쩍거리는 금은보화는 많지 않겠지만, 발견하기만 한다면 가치로 따질 수 없는 여러 진귀한 물건들이 바닷속 어딘가에 숨겨져 있다. 그리고 이러한 보물들은 대부분 미지의 섬이 아니라, 사라진 선박에서 잠자고 있다. 바다 보물의 대부분은 해적이 숨긴 것이 아니라, 여러 가지 이유로 배가 침몰하게 되어 바다에 머물게 되었다는 뜻이다.

그렇다면 우리나라에도 보물선이 있을까? 우리나라는 3면이 바다로 둘러싸여 있다. 그 바다 중 서쪽과 남쪽 해안은 그 옛날 중국과 일본 그리고 베트남, 필리핀 등 동남아시아로 가는 바닷길이었다.

예나 지금이나 바닷길에는 항상 위험이 도사리고 있다. 지금도 배가 고장 나거나 태풍 등의 기상 악화로 배가 침몰하기도 하는데, 선박의 성능이나 기술력 등이 발달하지 않았던 그 옛날에는 침몰하는 배가 더욱 많았을 것이다. 그렇게 침몰했던 배가 오늘날에 종종 발견되기도 하는데, 1976년 전라남도 신안군 앞바다에서 고려시대에 침몰한 중국 원나라 무역선과 수많은 화물, 국보급의 고려청자 등을 건져 올린 이야기는 유명하다.

1990년대 말부터 또 다른 보물선들이 화제로 떠올랐다. 거제도 앞바다에 보물 운송선이 침몰했다든가, 제2차 세계대전 패전 후 군산 앞바다에 침몰한 일본 선박에 금이 실려 있다든가, 인천 앞바다에 청나라 보물선이 있다든가, 울릉도 근해에 러시아의 군함 돈스코이호가 침몰해 있다든가 하는 이야기들로 보물선에 대한 국민들의 관심과 호기심을 불러

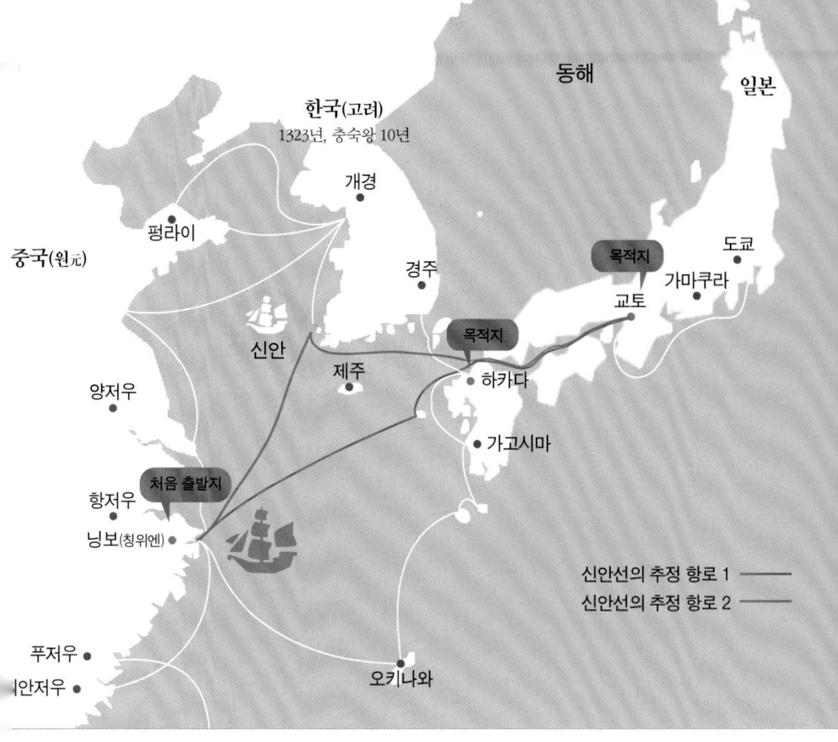

▲ 신안 유물선 추정 항로

일으켰다. 이러한 국민들의 호기심을 허황되다고 여기는 사람들도 있었지만, 실제로 여러 나라에서 가치를 따질 수 없는 보물선을 인양한 사례가 있었기에 국민들의 관심을 탓할 수도 없는 일이었다.

1998년 이집트에서는 알렉산드리아 항구에서 1킬로미터도 떨어져 있지 않은 바닷속 클레오파트라의 왕궁이 있던 안티로데스 섬 고대 항구 근처에서 2천 년 전에 침몰한 유물선을 발견했다. 이 배에는 금반지를 비롯한 보석들과 도자기 등 고대 유물들이 실려 있었다. 안티로데스 섬은 1600년 전 여러 차례의 지진으로 지중해 바닷속에 가라앉았다.

쿠바는 300여 년 전에 침몰한 수백 척의 스페인 무역선을 찾기 위해 하바나 항 앞바다와 콜롬비아 북부 카리브해에서 탐사 작업을 펼쳤다. 또한 심해탐사 업체인 미국의 '오디세이 머린 익스플러레이션Odyssey Marine Exploration' 사는 대서양 심해에서 사상 최대 규모의 금과 은이 실린 보물선을 인양하기도 했다. 가까운 중국에서도 840년 전에 침몰한 남송시대의 상선 '난하이南海 1호'를 인양했는데, 이 배는 1천억 달러의 가치가 있는 것으로 추정되었다. 이처럼 보물선은 환상이 아닌 현실로 나타나고 있다.

그런데 왜 『보물섬』의 작가는 바다가 아니라 섬에 보물이 있다고 설정했을까? 작가 스티븐슨도 망망대해에 침몰한 배가 많다는 것은 알고 있었을 것이다. 하지만 깊은 바다 밑바닥에 보물로 가득 찬 배가 있다 해도 보물을 찾으려면 바다 밑으로 들어가야만 한다. 즉, 당시에는 보물을 찾아낼 기술이 없었기에 보물이 묻혀 있는 섬이 있다고 설정하는 것이 독자들의 상상력을 자극하기에 안성맞춤이라고 생각했을지도 모른다.

▲ 우리나라 최초 심해 무인 잠수정 해미래

하지만 현재 바닷속 보물을 찾는 사람들은 깊은 바닷속의 배를 끌어올리고 있다. 이러한 꿈같은 이야기들이 가능해진 이유는 해양탐사와 해양과학기술이 비약적으로 발전한 덕분이다. 눈부시게 발전한 해양과학기술 가운데 보물선 인양을 위한 중요한 기술의 전환점은 1943년 프랑스의 해양 탐험가 쿠스토J. Y. Cousteau와 해군 잠수부 가냥E. Gagnan이 개발한 자급식 호흡기를 들 수 있다. 바닷속에서 자유롭게 호흡할 수 있게 된 이후로 잠수함과 해양탐사 로봇 등의 개발로 이어졌다.

1985년 로버트 밸러드Robert Ballard 박사는 무인 잠수정 아르고*Argo*호를 이용하여 침몰한 호화 유람선 타이타닉호를 찾아내는 데 성공했으며, 이듬해에는 유인 잠수정 앨빈Alvin호를 타고 원격 무인 잠수정으로 바닷속에 가라앉은 타이타닉 잔해를 세밀하게 살피면서 카메라에 담기도 했다. 또 캐나다 출신의 영화감독 제임스 캐머런James Cameron은 영화 「타이타닉」을 찍기 위해 구소련의 유인 잠수정 미르*Mir*호를 타고 잠수부와 수중 카메라를 동원해서 바닷속에 가라앉은 타이타닉 내부를 촬영해 철저한 고증 작업을 거쳤다는 이야기는 유명하다. 이처럼 유인 잠수정을 비롯해 온갖 첨단 해양탐사 장비들이 없었다면 불가능한 일이었다.

하지만 이러한 보물선 인양이 마냥 좋기만 할까? 해양과학기술의 발달로 보물선을 발굴하고 인양한다는 것에 분명히 긍정적 측면도 있지만, 이러한 기술을 이용해 수중유물을 도굴하거나 무차별로 발굴함으로써 수중유물의 문화적 가치가 훼손된다는 부정적인 문제도 생길 수 있다.

우리나라에서도 보물선을 둘러싼 부정적인 문제들이 벌어졌다. 수중유물 도굴이나 훼손 등의 1차적인 문제도 있었지만, 더 심각한 것은 보물선을 미끼로 벌어진 사기 사건들이었다. 보물선을 인양하면 몇 배의 이익으로 되돌려주겠다는 조건을 내세워 많은 사람들에게 돈을 받아 챙기거나 보물선을 인양하는 회사라며 언론 홍보를 대대적으로 펼치면서 주가를 조작하는 것 등이 대표적인 사기 사건이다. 다시 말해 증권시장에 상장된 기업들 중 몇몇 업체가 수천 억, 수조 원의 금은보화가 매장된 보물선을 인양하면 큰돈을 벌 수 있다는 소문을 내고 이를 바탕으로 업체의 주가를 수십 배 끌어올려 결국 일반 투자자들에게 손해를 끼친 것이다. 가장 최근에 벌어진 러일전쟁 당시 침몰된 러시아 군함 돈스코이호를 둘러싼 사건은 전 국민이 알 정도로 떠들썩했다.

이처럼 보물선을 둘러싼 부정적인 사건이 벌어지고, 이와 관련하여 피해자가 생기는 이유는 무엇일까? 한마디로 이와 관련한 법률적 지식이 전혀 없기 때문이라고 할 수 있다. 침몰선의 소유권을 규율하는 명확한 국제법이 없는데다 보물선이 군함일 경우와 일반 선박일 경우 규범이 달리 적용되는 등, 언제든지 복잡한 법적인 문제가 생길 수 있다.

그럼에도 보물선이 누구의 것인가는 모두에게 궁금한 문제이다. 어느 나라의 것도 아닌 망망대해인 공해에 가라앉은 보물선은 과연 누구의 것일까? 발견한 사람의 것일까, 건져 올린 사람의 것일까? 그 보물선의 원래 주인이나 후손에게는 아무런 권리가 없을까? 아리송한 이 문제는 바다에 적용되는 여러 법을 알아야 풀 수 있다. 그렇다면 보물선을 둘러싼 법들에는 어떤 것들이 있는지 살펴보기로 하자.

보물선을 둘러싼 법률 맛보기

국제법과 국내법은 어떠한 차이가 있을까?

국내법은 국가와 개인 그리고 개인들 사이의 관계를 규율하는 법규범을 말한다. 국내법은 그 국가의 주권이 미치는 영역 안에서만 효력을 가진다.

국제법은 국제사회에서 국가 간의 관계를 규율하는 법규범이다. 국내법에는 헌법 등 통일된 하나의 법전이 있지만, 국제법은 국가 간에 맺은 조약, 협정 등 합의를 통해 성립되거나, 국제관습법처럼 국제사회에서 오래전부터 그렇게 해 왔던 관행이 각 나라들에 법으로서 인정받으면 법적 효력을 가진다.

보물선이 발견되면 어떠한 법이 먼저 적용이 될까?

우리나라 영역에서 보물선이 발견되었다면 먼저 국내법이 적용될 것이다. 이후 구체적으로 보물선이 발견된 장소가 어디인지, 보물선의 원래 소유자가 소유권을 포기했는지, 보호해야 할 문화적 가치가 있는지 등을 따져야 한다.

이 보물선에 여러 나라가 관련되어 있다면, 나라마다 법이 다르기 때문에 경우에 따라서는 국가 간에 합의된 국제법이 중요할 때도 있다. 다만, 국제법은 국가 간의 합의이기 때문에 해당 조약에 가입한 국가에만 적용된다는 점이 중요하다. 보물선을 처리하는 국제적인 조약이 있다 하더라도 그 조약에 합의한 당사국이 아니라면 조약상의 의무를 실행하라고 요구할 수 없다.

그렇다면 보물선과 관련된 국제법, 즉 국가 간의 약속은 무엇일까? 현재 유네스코는 「수중문화유산 보호에 관한 협약」을 제정하여 발효했지만, 그 내용이 자기 나라의 여건에 맞지 않아 협약에 가입하지 않은 나라도 있다. 이러한 경우 어떤 나라가 보물선을 인양했더라도 「수중문화유산 보호에 관한 협약」에 가입하지 않은 나라에 그 협약을 근거로 권리를 주장할 수 없다.

▲ 수중에서 벌이는 유물선 보호 활동

이러한 국제법의 특성으로, 만일 우리나라 주변에서 다른 나라의 소유인 보물선을 인양하거나 처리하려면 관련 국가 모두가 같은 조약에 가입되어 있어야만 문제를 해결할 수 있다.

02

보물선을 바라보는 두 가지 시각

문화적인 가치와 경제적 가치

보물선이란 무엇일까? 이에 대한 답은 어떤 것을 보물이라고 여기는지 각각의 시각에 따라 달라질 수 있다. 대부분 보물선이라 하면 온갖 금은보화나 금괴처럼 경제적 가치가 있는 것들이 실린 선박을 떠올릴 것이다. 하지만 우리나라의 문화재 보호법상으로 문화적 가치가 있는 유물이 실린 배 또한 보물선이라 할 수 있다.

세계 여러 나라에서 실제로 인양된 보물선에는 금은보화와 같이 현재 재화로 통용되는 것들과 다기 종류, 목 부분이 몸체보다 좁고 양쪽에 손잡이가 달린 전형적인 항아리 형태의 그리스 도기인 암포라amphora 등 문화적 가치와 함께 경제적 가치도 인정되는 유물, 그 외에 시대상을 엿볼 수 있는 선체 자체와 승조원 물품 등이 발굴되었다. 이렇듯 보물선을 포함한 수중문화유산은 이러한 문화적 가치와 경제적 가치 이외에도 고고학적, 역사적, 예술적, 교육적 가치가 있다.

그런데 문화적, 경제적 가치가 있는 보물선을 왜 상업적인 목적으로 발굴하게 되었을까?

먼저, 보물선을 찾을 수 있는 해양과학기술이 비약적으로 발전한 덕분이다. 그리고 각 나라의 국내법에서 매장된 물건을 발굴할 경우에 그 발굴자들에게 일정한 보상을 해주기 때문이다. 현재, 우리나라의 국내법에도 발굴자에게 그 물건의 80퍼센트를 지급하게 되어 있어 '보물선 대박'을 꿈꾸는 보물사냥꾼들이 보물선 탐사와 인양에 뛰어들고 있다.

과거에는 보물선 발굴이 어린 시절에 꿈꾸었던 보물섬을 찾아 나서는 낭만적이고 개인적인 차원이었다면, 오늘날에는 상업적인 목적에서 집단적으로 이루어지고 있다는 점이 다르다. 이러한 이유로 여러 문제가 나타나고 있다. 상업적인 이익만을 목표로 하는 회사들은 이익을 최대화하는 데만 신경을 쓰는 경향이 있다. 그러다 보니 발굴과 인양을 할 때 보물선의 문화적 가치를 고려하지 않고 폭약을 쓰는 등 주변 환경이나 문화적 가치를 훼손시키고 있다.

보물선을 발굴하는 회사 가운데 상당수가 해난구조 회사들이다. 해난구조 회사는 무엇을 하는 곳일까? 해난구조란 바다에서 난파 등의 사고를 당한 선박이나 선박에 실린 물건 등을 구조salvage 또는 구원assistance하는 것을 말한다. 구조의 대상이 될 수 있는 것은 선박 또는 그에 실린 물건으로 제한한다. 이러한 해난구조를 주로 하는 회사들이 왜 보물선 사업에 뛰어들까?

이미 오래전에 난파된 선박(고난파선)은 해난구조 요건에서 제외된다. 왜 그럴까? 해난에서 구조가 되려면 그 대상이 위험에 처해 있어야 하는데, 고난파선은 위험에 처해 있지 않기 때문이다. 다시 말해, 고난파선은 침몰된 후 수십에서 수백 년의 시간을 거치면서 갯벌로 덮였거나 온갖 바닷말류의 서식지가 되어 있어 그 상태 그대로가 최고로 안정된 상태이기 때문이다. 따라서 고난파선은 원래 있던 장소에 보존하는 것이 최상의 방안이라고 할 수도 있다. 고난파선을 보호한다고 해난구조법을 적용한다면, 그 위치가 공개되는 등 오히려 보물 사냥꾼들의 약탈 대상이 될 수 있다.

따라서 바닷속의 보물선을 해난구조 회사가 발굴하는 행

위를 해난구조의 개념으로 설명해서는 안 된다. 이 발굴 사업에 해난구조 회사가 참여하는 것은 법적으로 구조의 범위가 아니라 그 회사의 첨단 장비 활용이라는 점을 명확히 해야 한다.

그렇다면 보물선에 담겨 있는 문화적 가치는 어떻게 평가할까? 이러한 질문에 답하기 위하여 유네스코UNESCO는 국가들끼리의 합의인 「수중문화유산 보호에 관한 협약」을 제정했다. 이 협약에는 수중문화유산에 대하여 다음과 같이 정의한다.

> 통상적으로 고고학적 및 자연적 성격을 갖춘 유적지, 구조물, 건물, 조형물 및 인류의 유해 그리고 선박, 항공기 기타 수송 수단 또는 이러한 수송 수단의 일부분, 화물 또는 기타 내용물과 같은 난파물, 그리고 선사적 성격의 유물 등을 포함하여 최소한 100년 동안 수중에 있는 인간 존재의 모든 흔적을 말한다.

먼저 해저의 유적지, 구조물, 건물, 조형물, 인류의 유해의 예는 다음과 같다.

과거 빙하기 동안 해수면이 현재보다 낮았을 때 인간은 대륙을 가로질러 무리 지어 이동했다. 후기 빙하시대에 인간이 거주했던 많은 동굴과 돌 오두막은 현재 깊은 바닷속에 잠기게 되었다. 스페인 남단에 있는 영국령의 지브롤터Gibraltar에는 신석기시대에서부터 로마시대까지 인간이 거주했던 일부 수몰된 동굴이 있으며, 영국의 서식스Sussex 지방 셀세이Selsey 반도를 따라 조사한 바에 따르면, 선사시대부터 현대에 이르기까지 수몰된 유적이 발견되었다. 수몰된 주요 원인은 육지의 강하, 해수면의 상승, 또는 이 두 가지가 복합적 요인으로

▼ 하늘에서 바라본 서식스 지방의 셀세이 반도

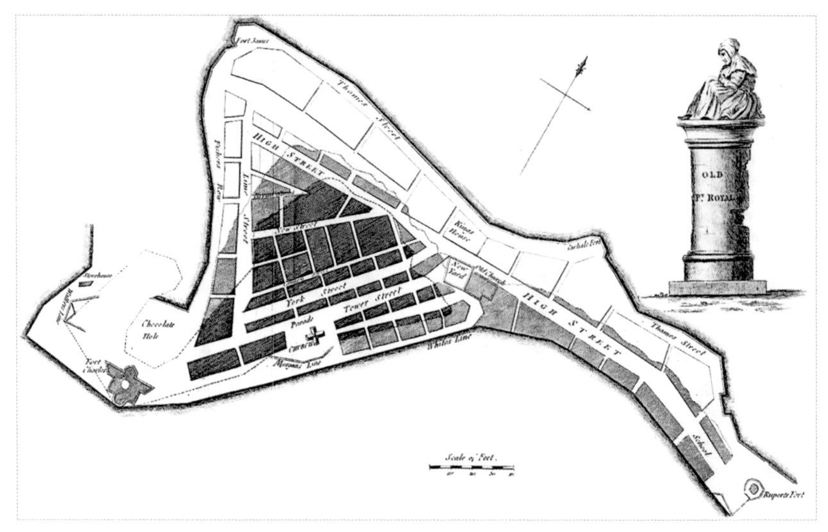

▲ 1692년 포트 로열의 옛 지도. 맨 위와 오른쪽으로 내려가는 밝은 부분은 1692년 지진으로 잃어버린 도시의 일부분이고, 약간 그늘진 가운데 부분은 침수된 도시의 일부분, 아래 짙은 부분은 살아남은 도시의 일부분이다.

작용했기 때문이다. 1692년 자메이카의 포트 로열Port Roral은 지진으로 도시의 약 90퍼센트가 바닷물에 가라앉았다.

고대 마야인들은 가뭄을 극복하기 위해 비의 신이나 곡물의 신에게 살아 있는 사람이나 가치 있는 돌과 물건을 석회암 암반이 함몰되어 지하수가 드러난 천연샘, 즉 세노테cenote에 제물로 바쳤다. 1904년 미국인 영사 에드워드 톰슨Edward Thomson은 이 샘의 발굴 작업에 나서서 수많은 사람 뼈와 마야 유물을 인양하기도 했다.

선박이나 항공기, 화물의 예는 다음과 같다. 지중해, 발틱

해, 미국 연안과 카리브해처럼 과거에 해상 교통이 빈번했던 해역에 난파된 선박에서 청동기시대의 고기물古器物, 예술품, 건축적인 구성 성분, 석관, 맷돌, 기와, 도자기류, 대리석과 암포라와 같은 것들이 발견된다.

선사시대는 문자 기록 이전의 시대를 말하는데 문자 기록의 시기는 문명권마다 다르기 때문에 이를 기준으로 설명하기에는 무리가 있다. 그럼에도 선사시대의 유물로는 돌을 재료로 한 도끼류, 칼, 고인돌 등과 흙을 재료로 한 토기류, 움집 등이 있다.

유네스코는 문화적 가치에 대하여 최소한 100년이라는 시간적 제한을 두고 있지만, 이에 대해 각 나라마다 그 조건을 다르게 판단하고 있다. 우리나라는 수중문화재에 대한 시간적 제한을 두는 명시적인 조문은 없지만, 「문화재보호법 시행령」(2019년 1월 1일 시행) 제41조 제1항에 "법 제75조 제1항에 따라 문화재 매매업 허가를 받아야 하는 자는 동산에 속하는 유형문화재나 유형의 민속자료로서 제작된 지 50년 이상인 것에 대하여…"라는 규정에 따라 50년 이상 수중에 매장되어 있는 문화재를 수중문화재로 유추, 적용한다.

다른 나라들의 경우에는 일반적인 문화재 관련법에 따

라 최소 40년에서 최대 500년까지 보호해야 할 시간적 한계로 규정하고 있다. 특히 침몰 선박의 경우 호주는 75년, 남아프리카공화국은 50년, 미국은 100년 이상이면 수중문화재로 취급하며, 미국은 개인 소유의 난파선이나 유물도 침몰 후 30일 동안 신고 없이 방치되면 국가에 귀속해 관리한다('Abandoned Shipwreck Act of 1987' 1998년 개정).

이처럼 국가별로 수중문화재를 보호하는 시간적 한계가 다른 것은 각 나라가 처한 국내 상황을 반영한 것이라고 할 수 있다. 따라서 문화재를 단순히 시간적 한계로 판단하기는 어렵다 해도 유네스코는 통상적으로 100년 정도 수중에 매장되어 있으면 문화적 가치가 있는 것으로 보았다.

원래 장소 보존인가, 발굴인가?

보물선을 포함한 대부분의 수중유물들은 원래 장소에 그대로 두는 것이 최선의 보존방법이다. 그러나 주변 환경의 변화로 말미암아 발굴해야 하는 마지못한 상황도 벌어진다. 예를 들면 노르웨이 해역에는 원형 그대로 발견된 선박이 아직까지 없는데, 이는 해저가 바위로 되어 있으면서 좀조개 Teredo navalis, shipworms가 선박을 훼손하기 때문이라고 한다.

이와 같이 보물선을 발견했을 때 원래 장소 보존 또는 발굴을 판단할 때 그대로 둘 경우 보물선이 훼손, 멸실할 가능성이 있는지와 발굴 후 보존 관리 방안 마련 여부 등을 평가하여 결정하게 된다.

▶ 좀조개가 배를 훼손한 모습이다.
배 왼쪽 아래에 동전이 보인다.

▼ 배벌레로 알려진 좀조개

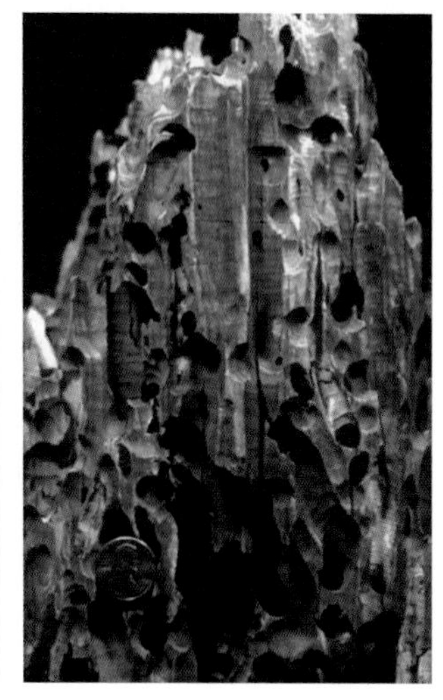

우리나라를 예로 들면, 2002년 한 어민이 군산시 옥도면 비안도 근해에서 소형 저인망 어선으로 고기잡이를 하던 중 그물에 걸려 올라온 고려청자를 발견하면서 이러한 문제에 대해 결정한 사례가 있다. 비안도 보물은 새만금간척사업 중 방조제를 막는 과정에서 빠른 유속으로 갯벌 층이 4~5미터 가량 씻겨 나가면서 묻혀 있던 유물이 노출되었다. 이처럼 수중유물을 덮고 있던 갯벌이 해류의 변화로 씻겨 나갈 경우 수중유물은 더 이상 안정된 상태로 볼 수 없으며, 훼손과 멸실될 가능성이 높아 발굴하는 것이 원래 장소 보존보다는 유리하다고 판단하게 되었던 것이다.

외국에서는 수중유물의 보존에 대해 어떤 기준으로 원래 장소 보존과 발굴을 판단할까? 이에 대한 사례로 영화를 통해 잘 알려진 타이타닉호의 처리 과정과 스웨덴 군함 바사호를 살펴보기로 한다.

미국은 1985년에 발견된 타이타닉호의 처리를 위하여 이듬해인 1986년에 「타이타닉 해양기념물법R.M.S. Titanic Maritime Memorial Act」을 제정했다. 주요 내용은 타이타닉호가 국제적 · 국내적으로 중요한 문화적 · 역사적 가치가 있으므로 국제해양기념물로 지정하여 보호하자는 것이다.

타이타닉이 침몰한 후 100년이 된 시점인 2012년에 미국은 1986년 「타이타닉 해양기념물법」을 개정했다. 국제제도가 마련될 때까지 타이타닉호의 주변 해역을 보호구역으로 정하여 모든 조사 · 탐사활동으로 벌어질 수 있는 타이타닉호의 물리적인 변경 · 손상 · 철거를 금지했다. 또 난파물에 대한 주권, 관할권 또는 소유권의 설정을 인정하지 않음으로써 타이타닉은 물론 그 안에 있는 유물들도 인양할 수 없게 되었다. 개정법은 2004년 6월 영국, 프랑스, 캐나다와 국제협정 협상 결과를 이행하고 타이타닉과 그 난파선 주변 지역을 손상시킬 수 있는 유물 회수를 포함하여 개인이 활동하는 것

▲ 침몰하기 전의 타이타닉(1912년 4월 11일)

▲ 난파되어 침몰한 타이타닉(2004년 촬영, 뱃머리 부분이다)

을 금지하는 법 집행을 강화하기 위해 미국 국립해양대기청 NOAA에 권한을 부여했다. 이 법률을 위반하는 개인에 대한 민사 및 형사처벌 규정과 함께 NOAA가 국제협약에 따라 연구, 탐사와 복구 활동을 수행하는 개인에게 허가를 발급할 수 있게 되었다.

1912년 타이타닉호가 침몰한 지 85년이라는 시간이 흐른 후 미국의 폭스 영화사와 제임스 캐머런 감독은 2억 달러에 이르는 사상 최대의 제작비를 투입하여 영화 「타이타닉」을 제작했으며, 이 영화를 통해 해저 침몰 선박과 바다에 대한 관심을 극대화했다. 타이타닉호에 대한 미국의 이러한 시각은 타이타닉호의 보호라는 관점에서 문화적 가치를 인정했고, 이러한 문화적 가치를 가공하여 경제적 가치를 극대화한 모범적인 선례가 되었다.

이러한 사례는 우리에게도 시사하는 점이 적지 않다. 신안 유물선이나 돈스코이호를 둘러싼 역사적 사실을 소설이나 영화, 컴퓨터 게임 등 문화산업의 소재로 활용할 수 있을 것이다.

스웨덴은 1628년 해군력 강화를 위해 건조한 군함 바사 *Wasa*호가 시험 운항 중에 침몰된 것을 1956년 해양고고학자

▲ 바사 박물관에 보존 중인 바사호

인 안드레스 프란첸Anders Franzén이 이 난파선의 위치를 찾아 낸 뒤 위원회를 조직해 마침내 1961년 발굴에 성공했다. 1961년 당시 바사호의 발굴 비용은 1300만 달러로 엄청난 금액이었다. 1961년 말 인양 당시 부교에 건물을 세워 보존과 전시 공간 등으로 활용했지만 관람객들은 배를 전체적으로 보기 어려웠을 뿐만 아니라 매우 비좁아 보존 작업이 어려웠다.

1981년 스웨덴 정부는 영구 건물을 건설하기로 결정했다. 1988년 12월 절반쯤 완성된 바사 박물관에 바사호가 예인되었고, 이 박물관은 1990년에 공식적으로 일반에 공개되었다. 결국 이러한 발굴 작업은 수중고고학이나 문화적 가치에 비중을 두는 국가의 정책 의지가 있어야만 가능하다.

03

딱딱하고 어렵지만 꼭 짚어야 할 법률 이야기

보물선 기사를 접할 때 드는 의문

이제 가장 궁금한 점을 알아볼 차례다. 만약 울릉도 부근에서 침몰한 러시아 선박 돈스코이호를 찾았다면 그 이후의 처리는 어떻게 해야 할까?

제2차 세계대전 말 일본의 야마시타 대장이 숨겨두었다는 어마어마한 보물선을 우리가 발견했다면 그 보물은 누구의 것일까?

1894년 서해 풍도 인근에서 침몰한 청나라 보급선 고승高升호를 발견했다면 선박 안의 물건들은 과연 누구의 소유일까?

가장 간단한 경우는 우리나라의 보물선을 우리나라 영토

에 인접한 해역인 영해에서 발견했을 때다. 고려의 보물선을 우리 앞바다에서 발견했다면 우리나라 국내법에 따라 처리하면 된다. 그러나 러시아의 돈스코이호나 일본의 선박처럼 보물선의 원래 주인이 외국인이고 우리나라 영해에서 발견된다든가, 우리나라 사람이 원래 외국인이 주인인 보물선을 외국의 관할해역에서 발견한 경우에는 그 보물의 주인을 가리기가 쉽지 않다.

그 이유는 국제적으로 인양된 보물의 소유권에 대해 확정된 기준이 없기 때문이다. 수중유물에 관한 협약을 마련한 유네스코 회의에서 소유권 문제를 검토했지만 나라마다 소유권 포기와 관련해 기간과 방법이 너무 달라 결국 소유권 포기에 대한 규정을 두지 않기로 했다.

요즘에는 보물선을 발견했을 때 소유권과 발굴에 따른 보상 비율도 천차만별이다. 예를 들면, 칠레 정부는 로빈슨 크루소 섬 일대에 묻혀 있다는 보물을 찾으려는 미국 탐험대의 탐사를 허가해주면서 보물을 인양하면 칠레 정부가 75퍼센트, 미국 탐험대가 25퍼센트를 갖기로 했다.

네덜란드와 노르웨이도 과거 동인도회사의 고난파선이 노르웨이의 연안에서 발견되었을 때 이에 대한 협약을 체결

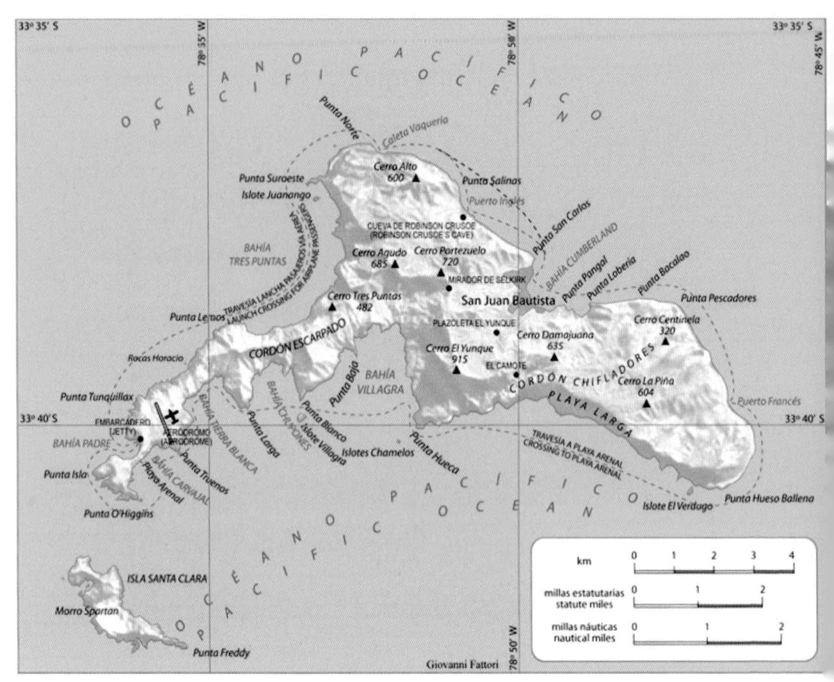

▲ 남아메리카 대륙에서 서쪽으로 약 600킬로미터 떨어져 있는 로빈슨 크루소 섬 지형도

한 적이 있다. 당시 유물에 대한 권리는 네덜란드가 10퍼센트, 노르웨이가 90퍼센트를 소유하는 것으로 정했다.

이처럼 소유권에 관한 문제는 각 사건별로 협의했을 뿐, 세계적으로 확정된 기준이 없는 상황이다.

관할권과 소유권의 구별은 기본

보물선 발굴과 관련한 기사를 보면 '관할권'과 '소유권'이라는 용어가 자주 등장한다. 이 두 용어는 무슨 뜻이고 어떻게 구별하며 주로 어디에 쓸까?

관할권이란 사람·물건·사건 등에 대해 국가가 행사할 수 있는 권한의 총체인 국가 주권의 표현이자 이를 구체적으로 발현한 형태를 말한다. 국가관할권state jurisdiction이라고도 한다. 소유권이란 물건을 사용하거나 수익을 얻거나 처분할 수 있는 권리로 이에 대해 다른 사람이 권리를 주장할 수 없다.

소유권은 존속기간의 제한이 없으며, 또한 소멸 시효에도 걸리지 않는다. 소유자는 소유권에 기초하여 소유물에 대한 모든 타인의 침해를 배제할 권리능력이 있다. 즉, 소유자는 자신이 소유한 물건을 다른 사람이 가지고 있다면 그 사람에게 반환을 청구할 수 있고, 또 소유권을 방해하는 사람에 대해 방해하지 않도록 요구하는 권리를 청구할 수 있으며, 소유권을 방해할 염려가 있는 행위를 하는 사람을 예방하거나 손해배상을 요구할 수 있다.

자, 이제 관할권과 소유권을 보물선에 적용해보자. 보물선의 발굴과 관련한 국가관할권은 「유엔해양법 협약」에 규정되었듯이 영해, 배타적 경제수역, 공해로 구분하여 적용해야 한다. 또한 국가관할권을 결정할 때는 그 보물선이 침몰 군함인지, 상선인지 그리고 수중에 어느 기간 정도 침몰되어 있었는지가 주요 고려 요소가 된다.

보물선의 소유권은 원래 소유주나 소유 국가가 소유권을 포기했는가, 하지 않았는가의 문제로 귀착된다. 보물선의 원래 소유주를 결정할 때 중요한 것 중 하나는 기국旗國, flag State이 어느 나라인가이다.

배가 건조된 뒤 운항하려면 특정 국적으로 신고해야 하며, 운항할 때는 그 국가의 국기를 게양해야 한다. 국기를 확인하면 침몰된 배의 국적을 알 수 있고, 곧 국기의 국가가 침몰된 보물선의 원래 소유주가 된다.

소유권의 명시적 포기의 경우에는 원래 소유자가 선언이나 기타 특별한 행위에 따라 확인할 수 있기 때문에 명확하지만, 묵시적 포기에 대해서는 아직 기준이 명확하지 않아 이에 따른 해석을 둘러싸고 분쟁이 발생하고 있다.

유네스코 「수중문화유산 보호협약」의 논의 과정에서 다음과 같은 경우에 수중문화유산을 '포기된' 것으로 여긴다고 정했다.

첫 번째, 조사 또는 복구를 위한 탐사기술이 개발되었으나 해당 기술 개발 25년 이내에 수중문화유산의 소유주가 문화유산의 조사 또는 복구 작업을 시도하지 않았을 경우, 두 번째, 어떠한 조사 또는 복구기술이 개발되지 않았고 수중문화유산의 소유주가 마지막 소유권을 주장한 이후 적어도 50년이 지났을 경우 등이다.

그러나 각국마다 서로 다른 국내법을 이유로 이 규정을 삭제했는데, 보물선의 주인을 가릴 때 분쟁이 발생하는 것은 소유권을 포기했다는 입장과 포기하지 않았다는 입장이 팽팽하게 대립하고 있기 때문이다.

관할해역은 어떻게 구분할까?

먼저 해양 관할권은 영해의 폭을 측정하는 기선baseline으로 구분한다. 기선은 통상기선normal baseline과 직선기선straight baseline으로 나뉘며, 전자는 일반적인 해안의 저조선低潮線, low-water line을 기준으로 하며, 후자는 굴곡이 심한 해안선이나 다도해의 해안 또는 도서의 최외곽점을 연결하는 직선을 기준으로 한다. 우리나라는 동해안에 통상기선이, 서·남해안에 직선기선이 영해 및 접속수역법에 따라 채택되어 있다.

국가관할권 내의 해역

연안국이 주권, 주권적 권리 또는 배타적 관할권을 행사하는 해역, 곧 관할해역은 크게 내수, 영해, 접속수역, 배타적 경제수역, 대륙붕 등이 있다.

① **내수**: 기선의 내측, 즉 기선으로부터 육지 쪽의 수역을 의미하며, 연안국이 절대적인 권리를 행사하는 부분이다. 우리나라의 내수는 직선기선이 적용되는 서해안과 남해안이며, 그 면적은 3만 7720제곱킬로미터에 이른다.

기선의 외측, 즉 기선으로부터 해양 쪽의 수역을 의미하며, 기선으로부터 최대 12해리까지를 영해로 할 수 있다. 영해에 대한 연안국의 권리는 영토에 대한 권리와 동일하지만 외국 선박의 무해통항권無害通航權이 인정되며, 우리나라의 영해면적은 약 4만 8117제곱킬로미터에 이른다.

② **접속수역**: 기선으로부터 24해리까지이며, 이 수역에서 연안국은 관세, 출입국 관리, 위생, 재정에 관한 권리를 행사할 수 있다.

③ **배타적 경제수역**(EEZ): 기선으로부터 200해리까지이며, 이 수역 안에서 연안국은 생물자원, 광물자원 등 이 수역의 경제적 개발에 관해 주권적 권리를 행사하며, 환경보호, 과학조사, 시설물의 설치 등에 관해서는 배타적인 관할권을 행사할 수 있다.

④ **대륙붕**: 자연적 대륙붕의 존재와는 상관없이 거리 개념은 기선에서 최소 200해리와 자연연장 시 기선에서 최대 350해리 또는 2500미터 등수심선으로부터 100해리까지이며, 연안국이 이 해역의 자원개발에 대하여 배타적인 권리를 행사한다.

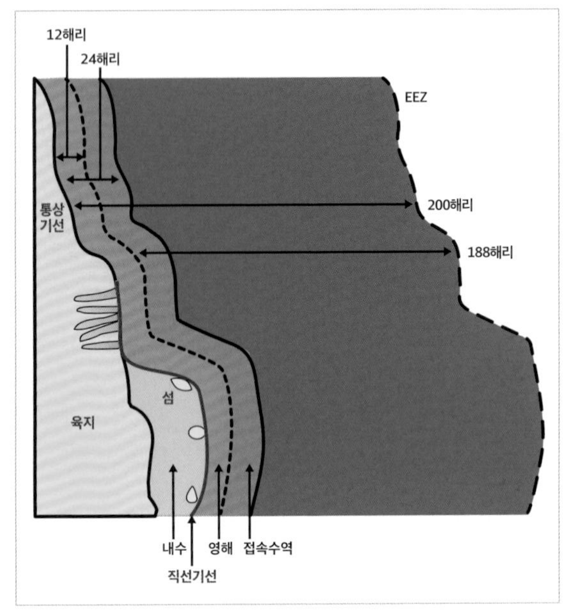

▲ 연안국의 관할해역

국가관할권 이원의 해역

- 연안국의 국가관할권 이원의 해역은 공해와 심해저가 있다.
- 공해는 국가의 내수, 군도수역, 영해 및 배타적 경제수역에 포함되지 않은, 연안국의 주권이나 관할권이 배타적으로 행사되지 않는 해양의 모든 부분을 말한다.

• 심해저는 국가관할권 외측의 해저, 해상 및 그 하층토를 말하며, 심해저에는 망간단괴(망가니즈단괴), 해저열수광상 및 망간각(망가니즈각) 등이 매장되어 있으며 국제해저기구를 중심으로 개발하도록 하고 있다.

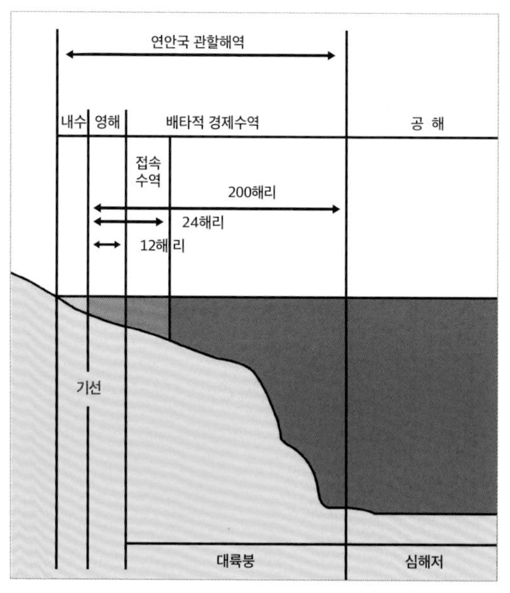

▲ 국가관할권 이원의 해역

보물선 처리를 위한 국제조약

우리가 말하는 보물선은 경제적인 측면이 강조된 용어로, 실제로는 보호해야 할 수중문화유산이라고 하는 것이 맞을 것이다. 앞에서 이러한 수중문화유산을 보호하기 위한 강력한 합의나 완전한 법전은 없다고 했다.

그렇더라도 수중문화유산을 보호하기 위한 국제적인 문서를 찾는다면, 해양의 헌법전이라고 할 수 있는 1982년 「유엔해양법 협약」과 2001년 11월 유네스코에서 채택한 「수중문화유산 보호협약」을 들 수 있을 것이다. 이에 대해 좀 더 자세히 알아보자.

「유엔해양법 협약」

해양에 관련된 모든 법적 문제를 포괄하는 종합적인 국제 조약으로 '해양의 헌법전'이라고 한다. 하지만 보물선의 처리와 관련해서는 단 2개 조문에서만 설명하고 있을 뿐이다. 그 내용을 살펴보면, 우선 해양에서 발견된 고고학적 및 역사적 물건에 대해 협약 당사국들에게 의무를 지우고 있는데, 그 목적은 경제적 이익이 아닌 보호를 위한 것이다.

이 조문에서 '해양'이 구체적으로 어디를 의미하는가에 대해 국제법 학자들마다 해석이 다르다. 해양은 바다가 아닌가? 언뜻 이상하다고 생각하는 사람도 있을 것이다. 하지만 법이나 협약에서는 익숙한 단어도 까다롭게 해석한다. 법이나 협약에서의 '해양'은 학자들에 따라 내수, 영해, 접속수역, 배타적 경제수역, 대륙붕 중 어느 한 곳이 될 수도 있다.

이렇게 까다로운 이유는 해양의 각 영역마다 연안국의 권리와 의무가 다르기 때문에 보물선을 포함한 수중문화유산을 어느 영역에서 연안국이 보호해야 하는가에 대한 문제가 발생하기 때문이다. 그러나 일반적으로 '해양에서'는 국가의 관할영역에 관계없이 위에 나열된 모든 해양의 영역에서 각 국가들에게 수중문화유산을 보호하도록 의무를 지우고 있다.

「유엔해양법 협약」이란?

- 「유엔해양법 협약」은 전문 17장, 320개 조문 및 9개 부속서와 「최종의정서」로 구성되었으며, 또한 심해저제도와 경계왕래성 어종 및 원양회유성 어종의 어업제도에 관한 2개의 이행협정이 추가된 해양에 관련된 모든 법적 문제를 포괄하는 종합적인 국제조약으로 '해양의 헌법전'이라고도 한다.
- 이 협약은 1994년 11월 16일 발효되었다.
- 이 협약은 2019년 7월 현재 전 세계 168개국이 비준하고 있으며, 우리나라는 85번째로 비준하여 협약 당사국의 지위를 확보하고 있다.

「유엔해양법 협약」

제149조 심해저에서 발견된 모든 고고학적 및 역사적 성질의 물건은 특히 기원국이나 문화적 기원국 또는 역사적 및 고고학적 기원국의 우선적 권리에 대한 것으로서 국제공동체 전체의 이익을 위해 보존되거나 처분되어야 한다.

제303조

1. 각국은 해양에서 발견된 고고학적 물건 및 역사적 가치가 있는 물건을 보호할 의무를 가지며, 이 목적을 위하여 서로 협력해야 한다.

2. 제1항에서 규정하는 물건의 인양을 규율하기 위하여 연안국은 제33조를 적용함에 있어서 연안국의 승인 없이 제33조에 규정된 지역 내의 해저로부터 물건을 반출하는 것이 제33조에 규정된 자국 규정을 자국의 영토나 또는 영해 내에서 위반한 것으로 된다고 추정할 수 있다.

3. 이 조의 어떠한 규정도 확인 가능한 소유주의 권리, 해난구조법 또는 기타 해사규칙 또는 문화교류에 관한 법률 및 관행에 영향을 미치지 아니한다.

4. 이 조의 규정은 고고학적 물건 또는 역사적 기원의 물건의 보호에 관한 기타 국제협정 및 국제법의 규정을 해하지 아니한다.

「유엔해양법 협약」에서는 연안국의 관할영역을 특별히 접속수역으로 지정하고, 이곳에서 발굴된 보물선을 연안국의 승인 없이 반출하지 못하도록 하고 있다.

접속수역이란 영해에 접속해 있는 수역으로 영해 기선에서 최대 24해리까지의 구역이다. 이곳에서는 연안국의 영토나 영해에서 효력이 있는 여러 법령을 따라야 하고 이를 위반할 경우 처벌할 수도 있다. 따라서 연안국은 자국의 '접속수역'에서 보물선이 발견될 경우, 자국의 승인 없이 고고학적 및 역사적 물건을 반출하는 자가 있다면 자국의 법률을 위반한 것으로 볼 수 있다고 한다.

보물선의 인양과 관련하여 가장 문제되는 부분 중의 하나는 원래 소유주가 자기의 권리를 포기했는가에 관한 것이다. 「해양법」은 이에 대해 침묵하고 있는데, 그 대신 확인 가능한 소유주의 권리, 해난구조법 또는 수중문화유산 보호를 위해서는 해당 법률을 따르도록 하고 있다. 그러나 앞에서도 설명했듯이 전문가에 따라서는 보물선을 경제적 관점에서 접근하는 해난구조법을 적용하지 못하도록 하여 수중문화유산을 보호해야 한다는 입장도 있다.

그리고 고고학적 및 역사적 물건에 대한 일반적인 보호 의

▲ 유엔해양법 협약

무에 관해 규정하고 있는 국제협정 및 국제법의 규정을 침해해서는 안 된다고 규정하고 있다. 하지만 이러한 규정은 궁극적으로 수중문화유산 보호를 위한 내용으로 「유엔해양법 협약」에서 명확히 규정하지 않는 내용, 즉 연안국의 관할 범위, 소유권 포기 문제, 침몰 군함 등의 문제를 다룰 수 있는지가 쟁점으로 떠올랐다. 이러한 문제는 유네스코 「수중문화유산 보호협약」의 논의 과정에서도 국가 간의 합의를 어렵게 한 부분이다.

심해저에서도 고고학적 · 역사적 가치가 있는 물건이 발견되는데, 이에 대해서는 기원국이나 문화적 기원국 또는 역사적 및 고고학적 기원국의 우선적 권리에 대해 규정하고 있다. 그러나 역사적 또는 고고학적 기원국과 문화적 기원국을 어떻게 구별해야 하고, 우선적 권리의 순위가 정해지지 않은 상황에서 복합적인 사건이 발생했을 때 어떻게 해결을 해야 하는지 등의 쉽지 않은 문제가 남아 있다.

유네스코 「수중문화유산 보호협약」

유네스코는 인류의 유산인 수중문화유산이 다이버, 보물 사냥꾼treasure hunter, 해난구조자 등에 따라 손상되거나 파괴되는 것을 막고, 수중문화유산의 보호 및 수중문화유산과 관련된 관할권 문제를 해결하기 위하여 2001년 11월 총회를 열고 「수중문화유산 보호협약Convention on the Protection of the

The Legal Protection of Underwater Cultural Heritage

The UNESCO 2001 Convention on the Protection of the Underwater Cultural Heritage (UCH)

▲「수중문화유산 보호협약」

Underwater Cultural Heritage」을 채택하여 2009년 1월 2일 발효했으며, 2019년 8월 현재 61개국이 가입하고 있다.

「수중문화유산 보호협약」 제정을 위한 회의에서 논의된 해양국과 연안국들 간의 주요 핵심 쟁점은 다음과 같다.

첫째, 배타적 경제수역 및 대륙붕에서의 수중문화유산에 대한 관할권을 연안국에게 인정할 것인가, 아니면 공해 자유의 원칙으로서 수중문화유산의 기원국 또는 발견자에게 인정할 것인가?

둘째, 수중문화유산이란 구체적으로 무엇을 말하는가?

셋째, 침몰 군함도 수중문화유산으로 보호하여 이 협약의 적용 대상에 포함해야 하는가, 아니면 군함은 주권면제의 대상이므로 본 협약의 적용 대상에서 제외해야 하는가?

이러한 문제 외에도 「유엔해양법 협약」을 둘러싼 해석 문제 가운데 연안국들 간 관할권 문제에 대해서는 각국이 한 치의 양보 없이 평행선을 그었다. 특히 수중문화유산은 과거 식민지 침략국과 피해국 간의 감정이 얽히면서 그 해결이 더욱 어려워졌다.

수중문화유산에 관한 정의 규정에서 주목할 만한 사항은 '수중문화유산 소유주의 권리 포기'에 관한 문제와 100년 이하의 중요한 수중문화유산 보호 문제에 대해서 각 국가들의 첨예한 대립으로 아무런 규정을 두지 않았다는 점이다. 특히 침몰 군함의 법적 지위에 대해서도 많은 논의가 있었다. 그러나 침몰된 군함을 처리하는 국제 규범이 명확하지 않아 현재까지도 침몰 군함의 처리는 크게 두 가지 경우로 나누어진다.

첫째는 국가가 소유하거나 운영하는 군함, 보조함 및 기타 선박과 정부가 비상업용으로 사용하는 선박이 침몰한 경우 국가 선박으로 보는 전통적인 해양국가의 입장이 있다. 둘째, 침몰된 군함은 더 이상 군함으로 볼 수 없으므로 주권면제의 대상이 아니라 수중문화유산으로 처리해야 한다는 새로운 연안국가의 입장이 있다.

침몰 군함의 법적 지위를 다룰 때 다음과 같은 두 가지 문제가 제기된다.

첫째는 군함의 원소유주인 국가가 그 선박이 침몰한 후 그 선박에 대한 자국의 권리를 포기했느냐 하는 것과 이때의 '포기'란 어떠한 조건에서 성립하는가 하는 문제이다. 이는 관련 국제법과 국내법에서 권원(權原, 어떤 행위를 법률적으로 정당하게 하는 근거)의 문제로 진행된다.

둘째, 침몰된 군함이 원소유주의 재산이라 추정되는 경우에 원래 소유국이 그 선박에 대해 해난구조 작업을 금지할 수 있는가 하는 '해난구조'의 문제이다.

그러나 「수중문화유산 보호협약」에서는 침몰 군함을 처리할 때 연안국에 수중문화유산 보호를 위한 허가나 보호할 권리를 보장하는 대신 조정국Coordinating State이라는 새로운 제도를 두어 국기를 게양한 기국의 합의와 조정국의 협조 없이 연안국 단독으로 타국의 침몰 군함을 발굴할 수 없는 쪽으로 타협했다.

「수중문화유산 보호협약」에서 수중문화유산의 보호를 위해 관할권과 관련하여 배타적 경제수역 및 대륙붕에 있는 수중문화유산의 관할권을 연안국에 인정할 것인가 하는 것이 쟁점이었다. 즉, 배타적 경제수역 및 대륙붕에 있는 수중문화유산에 대한 연안국의 관할권에 대해 각국 대표들이 자국의 이해관계에 따라 연안국의 관할권을 인정해야 한다는 주장과 인정할 수 없다는 두 가지 주장이 대립했다.

먼저, 군함은 주권면제의 대상이라는 9개국 수정안은 다음과 같다.

군함의 주권면제는 「유엔해양법 협약」과 국제관습법에서 인정하는 권리이며, 침몰 군함은 군사 전쟁묘지military war-graves로서 특별한 대우를 받아야 하며, 특히 해양 전쟁묘지maritime war-graves는 육상 전쟁묘지land war-graves와 달리 명백하게 규정되어 있지 아니하므로 이 협약에서 이를 규정할 필요가 있다.

스웨덴과 스페인은 주권면제라는 개념이 아니라 소유권title or claims of ownership 문제로 파악해야 한다며, 군함은 확인 가능한 재산identifiable property으로서 소유관계를 확립할 수 있는 자료가 충분하다는 견해를 밝혔다. 따라서 이 조항을 삭제하는 것은 군함에 관한 법적 지위를 불확실한 상태에 두는 결과를 가져온다고 주장한다.

다음으로는 군함도 수중문화유산과 동일하다는 멕시코와

폴란드 안은 다음과 같다.

군함에 대하여 여느 수중문화유산과 다른 대우를 부여하는 별개의 특수한 제도를 창출하는 것은 이 협약의 목적에 거스르며, 수중문화유산의 정의를 충족하는(100년 이상 침몰된) 군함은 군함으로서의 특성이나 군사정보로서의 가치를 잃었기에 현대식 군함contemporary warship에 부여하는 것과 같은 주권면제를 부여할 이유가 없다. 군함도 인류가 존재한 자취trace of human existence로서 여느 수중문화유산과 동일한 보호를 누려야 하며, 과거 연안국의 재산을 노획한 후 연안국 바다에 침몰한 군함에 대해서도 주권면제를 인정할 수 없다. 연안국은 자국의 영해에서 「유엔해양법 협약」 규정에 따른 주권sovereignty을 행사할 수 있으므로 침몰된 군함도 연안국의 주권에 종속되어야 한다. 9개국 수정안은 군함의 정의definition에서 「유엔해양법 협약」과 일치하지 않으며, 국가 선박state vessels도 군함과 동일하게 대우하는 점에서도 「유엔해양법 협약」과 일치하지 않는다고 주장한다.

여러 차례의 논의 끝에 '동 지역에서 관할권'이라는 용어의 사용을 자제하고 연안국의 보호책임을 강조하기로 협의했다.

침몰 군함과 관련한 유네스코 「수중문화유산 보호협약」 관련 규정

제1조 8항 "국가 선박 및 항공기"는 국가가 소유했거나 운용한 군함과 기타 선박들 또는 항공기로서 침몰 시점에 비상업적 목적의 정부용으로만 사용되었으며, 그러한 것으로 확인된 것으로 수중문화유산의 정의를 충족하는 것을 의미한다.

제2조 8항 국가 관행과 「유엔해양법 협약」을 포함한 국제법과 부합하여, 이 협약의 그 어느 것도 주권면제에 관한 국제법 규칙과 국가 관행 또는 국가 선박과 항공기에 대해 그 어떤 국가의 권리를 수정하는 것으로 해석되어서는 안 된다.

제7조 3항 당사국들은 자국의 군도수역과 영해 내에서 자국의 주권 행사와 일반적 국가 관행의 승인에서 국가 선박과 항공기를 보호할 최상의 방법에 관해 협력한다는 관점으로, 이 협약의 당사국인 기국에 고지해야 하며, 적절한 경우 그러한 확인이 가능한 국가 선박과 항공기의 발견에 대해 입증할 수 있는 다른 관련 국가, 특히 문화적, 역사적인 또는 고고학적인 관련국들에게도 고지해야 한다.

제10조 7항 이 조 제2항 및 제4항의 규정에 따라 기국의 합의와 조정국의 협조 없이 국가 선박이나 항공기에 초점이 맞춰진 활동은 수행할 수 없다.

제12조 7항 어느 당사국도 기국의 동의 없이는 심해저에서 국가 선박과 항공기에 초점이 맞춰진 활동을 수행하거나 허가할 수 없다.

먼저, 동 해역에서 수중문화유산에 대해 모든 당사국들이 보호할 책임을 가짐과 동시에 자국과 타국의 배타적 경제수역 또는 대륙붕에서 수중문화유산과 관련된 발견 또는 활동에 대한 내용을 보고하고 통보하는 체제를 갖추도록 했다. 그리고 수중문화유산을 발견할 때 조정국 제도를 마련하여 조정국이 그 유산의 처리를 주관하기로 했다.

「수중문화유산 보호협약」은 이외에도 자국 국민과 선박에 관한 조치 및 제재, 수중문화유산의 압수와 처분, 당사국 사이의 협력과 정보 공유, 관리기관 지정, 당사국 회의의 준비 등 수중문화유산 보호를 위한 전 지구적 차원에서 입법체제를 갖추었다는 데 의미를 찾을 수 있다.

침몰 군함에 대한 이론과 실제

침몰 군함에 대하여 명시적으로 포기를 요구하는 국내 national or domestic 재판소의 일관된 관행은 없다. 이에 관한 국제관습법이 아직 형성되지 않았고, 군함의 명시적 포기를 요구하는 조약문서도 없다. 반대로 지난 2세기 동안의 대부분의 규칙은 "묵시적 포기는 권원을 상실한다"는 것이며, 따라서 묵시적 포기는 침몰 군함의 모든 상황과 소유주에 따른 이익의 후속 표현에서 추론해야 한다는 것이다.

그러나 최근 20년 동안 침몰 군함에 대한 소유권을 주장하고 있는 몇몇 국가의 관행 역시 분명하지 않다. 침몰 군함에 대한 이론과 자국의 이익을 우선으로 여기는 국가 관행은 아직까지 일치하지 않는다고 생각된다.

국가 소유 선박의 면제에 관한 협약 중에 「브뤼셀협약 International Convention for the Unification of Certain Rules Concerning the Immunity of State-Owned Ships, Brussels, April 10, 1926」이 있다. 이 협약은 대부분의 국가 소유 선박에 개인 소유 선박이 지켜야 하는 책임규칙을 똑같이 적용하도록 하고 있다. 이 협약의 제3조에는 "군함에 적용되지 않는다shall not apply to ships of war"고 규정하고 있는데, 이 규칙에 포함된 "warships" 또는 "ships of war"라는 용어가 바다를 항해할 수 있는 선박이라는 점은 명백하다. 따라서 침몰 등으로 이 군함들이 항행할 수 없다면 더 이상 선박으로 여기지 않는다.

1944년 산마르코스호 사건(미국 판례)에서도 항행이 가능하고 사용이 가능한 선박으로서의 모습이 완전히 파괴당한 난파선은 선박으로서의 그 어떤 특징도 지녔다고는 볼 수 없다고 판단했으며, 이미 선박으로서의 특성을 잃은 선박은 군함으로 여기지 않는다고 했다.

1958년 「공해협약」과 1982년 「유엔해양법 협약」에서도 다음과 같이 군함의 정의를 찾아볼 수 있다.

> 군함이라 함은 일국의 군에 속하여 그 국가의 국적을 나타내는 외부 표식을 가지며, 그 국가의 정부에 따라 정식으로 임명되고 그 성명이 그 국가의 적절한 군적 또는 이와 동등한 명부에 등재되어 있는 장교의 지휘 아래 있으며, 정규 군율에 따르는 승무원이 배치된 선박을 말한다.

이 정의에 따르면 침몰된 군함은 군함으로 정의할 수 없다. 침몰된 군함은 실제로 더 이상 "장교의 지휘" 아래 있지 않으며, "정규 군율에 따르는 승무원이 배치된" 선박도 아니다. 따라서 난파물이 된 군함은 선박이라 할 수 없고, 그 군함을 소유했던 국가의 배타적 관할권에 따르는 자격을 가졌다고 할 수 없으며, 더 이상 면제를 누린다고도 볼 수 없다. 이에 따른다면 군함의 특성을 상실한 침몰 군함은 다른 침몰 난파물을 규율하는 규칙에 따라 처리해야 한다.

그러나 과거 해양 활동이 왕성했던 해양국의 입장에서는

침몰할 때와 마찬가지로 난파선을 군함으로 보려 할 것이고, 해양 활동이 활발하지 않았던 국가들은 군함으로 인정하지 않으려고 할 것이다.

이러한 입장의 차이가 유네스코 「수중문화유산 보호협약」 협의 과정에서 그대로 드러났는데 앞에서 설명한 두 가지 제안이다. 결국 절충안이 제시되어 2009년 1월 2일에 발효되었다. 앞으로 침몰 군함의 발굴을 둘러싼 이러한 법적 문제는 계속 발생할 것으로 예상된다.

수중문화유산에 대한 국가관할권

- 영해 내에서는 연안국이 수중문화유산 관련 활동의 규제 및 허가에 대한 배타적 권리(제7조)를 가지며, 군함과 같은 국가 선박의 경우 기국 및 관련국에 통보하도록 하고 있다.

- 접속수역에서는 연안국의 수중문화유산에 대한 활동을 규제하거나 허가할 수 있도록 하고 있으며, 「유엔해양법 협약」 제303조 제2항에서도 접속수역 내에서 발견된 고고학적·역사적 유물은 연안국의 승인 없이 반출할 수 없도록 하여 연안국의 권리를 인정하고 있다.

- 배타적 경제수역 또는 대륙붕 내에서는 모든 당사국들에게 수중문화유산을 보호할 의무를 지우고 있으며, 동 지역에서 수중문화유산에 대한 활동은 이 규정에 따르지 않는 한 어떠한 허가도 부여할 수 없다.

- 연안국은 배타적 경제수역 또는 대륙붕 내에서 주권적 권리 및 관할권 행사에 대한 간섭을 예방하기 위하여 수중문화유산에 대한 활동을 금지 또는 허가할 권리가 있다.

- 배타적 경제수역 또는 대륙붕 내에서 해당 유산의 문화적, 역사적, 고고학적 입증 관련국에 대하여 협의하도록 하고 있으며, 군함을 포함한 국가 선박에 대해서는 기국의 합의 및 조정국의 협조 없이 수중문화유산에 대한 어떠한 행위도 금지하고 있다.
- 심해저에서의 수중문화유산 보호체계는 해당 유산에 대한 입증 관련국의 우선적 권리를 고려하고 해당 유산의 문화적, 역사적, 고고학적 입증 관련국에 대하여 협의하도록 하고 있고, 군함을 포함한 국가 선박에 대한 관련 활동은 기국의 동의가 필요하다.
- 유네스코 「수중문화유산 보호협약」 제1조에 따라 100년 이상 수중에 매장된 군함도 수중문화유산에 해당된다고 해석할 수 있으나 제2조 8항에서 "이 협약이 국가 선박(군함) 등에 대한 기존의 국제법, 관행 등을 수정하는 것으로 해석하지 않는다"라고 규정되어 있어 침몰 군함의 법적 관할권을 논의할 때 '주권면제'의 권원과 관련하여 국가 간 이견이 있을 것으로 보인다.

보물선 처리를 위한 국내법

그렇다면 우리나라는 어떻게 보물선을 처리하고 있을까? 보물선의 소유권이나 보물선을 보호할 수 있는 법률에는 어떤 것이 있을까? 국제법과 마찬가지로 우리나라에도 보물선 처리를 위한 특별법은 없다. 다만, 보물선이 문화적 가치가 있는지, 경제적 가치가 있는지에 따라 적용되는 국내법이 다를 뿐이다. 이러한 법률로 「국유재산에 매장된 물건의 발굴에 관한 규정」, 「매장문화재보호 및 조사에 관한 법률」, 「유실물법」, 「민법」, 「공유수면관리법」 등을 들 수 있다.

「국유재산에 매장된 물건의 발굴에 관한 규정」은 보물선이 문화적 가치가 없고 오로지 경제적 가치가 있을 때에만 적용된다. 반대로 「매장문화재보호 및 조사에 관한 법률」은 경제적 가치가 아닌 문화적 가치에 초점을 맞출 때 적용된다. 「유실물법」과 「민법」은 보물선의 소유권과 보상에 초점을 맞추고 있다. 「공유수면관리법」은 보물선을 발굴하기 위한 전제 조건으로 일정한 해역을 점유해야 하기 때문에 필요한 법이라 할 수 있다.

「국유재산에 매장된 물건의 발굴에 관한 규정」

이 규정(이하, 「매장물 규정」)은 "국유의 토지 기타의 물건 또는 바다에 매장되어 있는 물건의 발굴에 관하여 필요한 사항을 규정"하기 위해 제정되었다. 「매장물 규정」에 따르면, '매장물'은 "국유의 토지 기타의 물건 또는 바다에 매장되어 있는 물건으로서 다른 법령에 의하여 처리되는 물건을 제외한 것"이라고 하여 보물선은 매장물로 볼 수 있다. 우리나라의 바다는 국유이기 때문에 바다에 매장되어 있는 보물선에서 발견되는 금은보화에 대한 처리는 「매장물 규정」을 적용할 수 있다.

그러나 비록 바다에 매장되어 있다 해도 다른 법령에 따라 처리되는 물건에 대해서는 「매장물 규정」을 적용하지 않는다. 다시 말해 보물선이 문화적 가치가 있는 것이라면 「문화재보호법」과 「매장문화재 보호 및 조사에 관한 법률」을 우선 적용해야 한다는 의미이다. 물론 보물선에서 나온 물건 중 경제적 가치가 있는 것이라면 「매장물 규정」을 적용한다. 보물선이라면 문화적 가치와 경제적 가치가 모두 있다는 것은 앞에서도 이야기했다.

그렇다면 보물선에 문화적 가치가 있는지, 경제적 가치가 있는지는 누가 판단할까? 현행 우리나라 법률에 따르면, 「문화재보호법」에서 규정하는 문화재위원회에서 판단한다. 보물선이 침몰된 지 수십 년이 지난 경우라면 문화적 가치가 있는 것으로 볼 수도 있다. 「수중문화유산 협약」에 따르면 100년을 문화적 가치의 시간 한계로 두고 있다. 그러나 이러한 시간적 한계는 각 국가들마다 다르다. 예를 들어 중국의 「수중문화유물 보호규정」(1989년 제정)에 따르면 1911년을 시간 한계로 정하고 있으며, 미국은 100년, 남아프리카공화국은 50년을 시간 한계로 하고 있음은 앞에서 살펴보았다.

국유매장물의 소유자와 보상과 관련해서는 소유자를 국가와 국가 이외의 자로 구분한다. 만약 "매장물의 소유자가 국가임이 판명되면 그 매장물이 토지 기타의 물건에 매장되어 있던 때에는 추정가액의 100분의 60에 상당하는 매장물을, 바다에 매장되어 있던 때에는 추정가액의 100분의 80에 상당하는 매장물을 발굴자에게 지급"하도록 하고 있다.

한편, 소유자와 보상 문제와는 별도로 「매장물 규정」에서는 매장물을 발굴하려 할 때 매장물 추정가액의 10퍼센트를 발굴보증금으로 사전에 납부하도록 하고 있으나, 발굴보증금을 적게 납부하기 위하여 대부분 추정가액을 실제보다 낮게 신청하고 있다. 이러한 발굴보증금제도에서 비합리적인 부분이 있어 소액의 발굴보증금만으로도 발굴 신청이 쉬운 점을 이용하여 발굴사업 자체보다는 다른 용도로 악용될 가능성이 높다. 예를 들면 고승호와 돈스코이호 등 신문 지면에 보도된 천문학적 보물이라는 기사와는 달리 실제 발굴 물건과 추정가액이 터무니없이 낮게 신고되어 있는 것이 현실이다.

이때 국가에 귀속되는 매장물 또는 지분은 이를 관장하는 기관이 매각하여 그 대금을 국고에 납입해야 하며, 이 경우에는 발굴자에게 단독으로 계약할 기회를 주어 매각할 수 있도록 하고 있다. 그러나 매장물의 소유자가 국가 이외의 자라는 것이 판명되면 발굴자가 그 소유자에게 매장물을 반환하게 되어 있으며, 소유자가 불분명한 매장물은 매장물의 표시, 발굴 일시와 장소 등을 해당 관공서의 게시판에 14일간 공고한 후, 1년 내에 소유자가 판명되지 않으면 제16조(국유매장물의 보상 등) 규정에 따르도록 한다.

「매장문화재 보호 및 조사에 관한 법률」

이 법률은 「문화재보호법」에 규정된 매장문화재의 보호 및 조사와 관련된 사항에 수중문화재의 정의, 매장문화재 조사기관의 등록 등의 규정을 추가·보완하여 따로 법률로 규정함으로써 매장문화재의 보호 및 조사의 전문성과 효율성을 확보하고자 제정되었다. 이 법률은 총 7장 38개의 조문과 부칙으로 구성되어 있으며, 「문화재보호법」과 같이 2010년 2월 4일 제정되어 2011년 2월 5일 시행되었다.

이 법에서는 수중문화재를 매장문화재의 하나로 보고 있다. 다시 말해 매장문화재는 육지에 묻힌 것과 수중에 묻힌 것으로 분류하고 있다. 제2조에는 수중문화재를 정의하는데, 수중에 매장되거나 분포되어 있는 유형의 문화재나 수중(바다·호수·하천을 포함)에 생성·퇴적되어 있는 천연동굴, 화석 등으로 지질학적으로 가치가 큰 것을 말한다. 하지만 수중문화재의 구체적인 기간을 명시적으로 설정하지 않아 이에 대한 보완이 필요하다.

수중문화재의 지리상 범위는 우리나라의 내수면, 영해 및 배타적 경제수역에 존재하는 유형의 문화재와 공해에 존재하는 유형문화재 중 대한민국에서 기원한 것을 대상으로 한다(제3조). 하지만 수중문화재에 대해 단순히 영역별로 그 관할 범위를 규정했기에 우리나라 대륙붕에서 발견된 것이나 우리나라 사람이 심해저에서 발견한 경우 등에서는 그 관할 범위를 규정하지 않았다.

이러한 규정은 우리나라의 「배타적 경제수역법」 제2조에 따른 배타적 경제수역에 존재하는 유형의 문화재로 인용하고 있어 배타적 경제수역과 대륙붕이 동일할 때에는 문제가 없지만, 동일하지 않을 때는 문제가 발생한다. 실제로 우리나라는 대륙붕 한계위원회에 우리나라의 대륙붕 한계 외측 자료를 제출할 때 배타적 경제수역과 대륙붕이 동일한 경계선을 유지하지 않았다. 따라서 수중문화재 중 우리나라가 관할할 수 있는 범위는 우리나라의 관할권 안, 그리고 국가관할권 밖인 공해와 심해저에서 우리나라 국민이 발견한 수중문화재로 분류하고, 그다음 관할권별로 수중문화재의 기원국에 따라 권리

인정을 달리 규정하는 것이 합리적으로 보인다.

수중문화재의 보호원칙은 제4조와 제5조에서 규정하고 있다. 이 조항들에서 수중문화재는 원형이 훼손되지 않게 보호해야 한다는 것을 천명하고 있어 조사·발굴보다는 보존·보호를 우선하고 있다는 것을 알 수 있다. 이에 따라 국가와 지방자치단체는 모든 개발사업을 계획하고 시행할 때 수중문화재가 훼손되지 않게 해야 할 책임과 의무가 있다.

제17조부터 제23조까지는 발견 또는 발굴된 매장문화재를 체계적으로 관리하기 위한 절차를 규정하고 있다. 하지만 다른 나라의 배타적 경제수역과 대륙붕에서 매장물을 발견했거나 심해저에서 매장물을 발견했다면, 그 발견자가 권한이 있는 기관에 신고해야 한다는 조항과 관련 국제기구로 통보하는 절차가 규정되어 있지 않아 이를 보완하는 것이 필요하다. 이러한 절차에 대한 필요성에 따라 유네스코 「수중문화유산 보호협약」의 내용을 국내법에 수용해야 한다.

만일 내가 바다에서 매장문화재를 발견했다면 어떻게 해야 법을 어기지 않을 수 있을까? 수중에서 매장문화재를 발견했을 때에는 먼저 문화재청장에게 신고해야 한다(제17조). 신고받은 문화재청장은 소유자가 판명되면 발견자의 매장문화재를 소유자에게 반환하게 하고, 소유자가 판명되지 않으면 관할 경찰서장 등에 알려야 한다. 경찰서장 등은 「유실물법」에 따라 이 매장문화재에 대해 공고해야 한다(제18조).

한편, 「유실물법」에 따라 경찰서장 등에게 매장물 또는 유실물로 제출한 물건이 문화재로 인정되면 경찰서장 등은 「유실물법」에 따라 이를 공고하고, 문화재로 인정되는 매장물 또는 유실물이 제출된 사실을 문화재청장에게 보고하며, 그 물건을 소유자에게 반환하는 경우 외에는 제출된 날부터 20일 이내에 문화재청장에게 제출해야 한다. 문화재청장은 그 물건을 감정하여 문화재로 판명되면 그 물건이 문화재라는 취지를 경찰서장 등에게 통지하며, 해당 물건이 문화재가 아닌 경우에는 그 물건이 문화재가 아니라는 것을 알리는 문서를 첨부하여 그 물건을 경찰서장 등에게 반환한다(제19조).

발견 신고된 문화재의 소유권 판정을 위하여, 90일 이내에 소유권 주장자가 있으면 일정한 소유권 판정 절차를 거쳐 정당한 소유자에게 반환하고, 소유권 주장자가 없는 경우 국가에 귀속한다(제20조). 발견 신고된 문화재를 국가에 귀속할 때는 제20조에 따라 발견자나 토지의 소유자에게 「유실물법」에 따라 보상금을 지급한다(제21조).

「유실물법」

이 법률은 누군가 잃어버린 물건을 습득했을 때의 조치와 그 물건에 관한 권리 및 습득자에 대한 보상을 규정하고, 장물, 매장물을 처리하는 방법을 정하기 위해 제정되었다. 「유실물법」은 「매장문화재법」에서 살펴보았듯이, 매장물 또는 유실물의 문화재 처리방법 과정에서 신고된 물건을 공고하고, 그 문화재를 국가에 귀속할 경우 보상금을 지급하기 위해 필요한 법률이다.

「유실물법」 제13조에서는 매장물이 「민법」 제255조(문화재의 국유)에 정하는 물건인 경우, 국가는 매장물을 발견한 자와 매장물이 발견된 토지의 소유자에게 통지하여 그 물건의 가치에 걸맞은 금액을 반으로 나누어 각자에게 지급해야 한다. 단, 매장물을 발견한 자와 매장물이 발견된 토지의 소유자가 같을 때에는 그 전액을 지급하도록 하고 있다.

제14조에서는 이 법과 「민법」 제253조(유실물의 소유권 취득), 제254조(매장물의 소유권 취득)의 규정에 따라 물건의 소유권을 취득한 자가 그 취득한 날로부터 3개월 이내에 경찰서에서 물건을 찾아가지 않으면 그 소유권을 상실한다고 되어 있으며, 제15조에 따라 찾아가는 사람이 없는 물건은 국고에 귀

속하도록 하고 있다.

「민법」

이 법률은 재산관계와 가족관계를 규율하여 국민의 기본적인 법 생활을 안정시키기 위한 법률이다. 「민법」에서 수중문화유산과 관련된 조항은 제254조(매장물의 소유권 취득)와 제255조(문화재의 국유)가 있다.

매장물은 공고 후 1년 내에 그 소유자가 권리를 주장하지 않으면 발견자가 그 소유권을 얻게 되고, 타인의 토지나 기타 물건에서 발견한 매장물은 그 토지나 기타 물건의 소유자와 발견자가 절반하여 갖는다(제254조). 즉, 국가가 아닌 제3자의 토지에서 매장물이 발굴되면 토지 소유자와 발견자가 50대 50으로 소유권을 취득하게 하는데 국유인 바다에서 수중 매장물을 발견할 때에는 어떻게 할까?

바다에서 발견된 수중 매장물에 대해서는 문화재가 아닐 경우 앞에서 살펴본 국유재산에 매장된 물건의 발굴에 관한 규정이 적용된다. 다시 말해 육지에서 발견된 국가 소유 매장물인 경우 추정가액의 60퍼센트를 발견자에게 지급하고, 바다에서 발견된 국가 소유 매장물인 경우 추정가액의 80퍼센트를 발견자에게 지급한다.

학술, 기예 또는 고고考古의 중요한 재료가 되는 물건에 대해서는 제252조 제1항(주인이 없는 동산을 소유의 의사로 점유한 자는 그 소유권을 취득한다.)과 유실물의 소유권 취득(제253조) 및 매장물의 소유권 취득(제254조)의 규정을 적용하지 않고, 국가 소유로 한다고 정하고 있다(제255조 제1항). 이는 문화재를 보호하기 위한 특례이다. 이러한 학술, 기예 또는 고고의 중요한 재료가 되는 물건의 경우에 습득자, 발견자 및 매장물이 발견된 토지 기타 물건의 소유자는 국가에 대하여 적당한 보상을 청구할 수 있다(제255조 제2항).

「공유수면관리 및 매립에 관한 법률」

이 법률은 공유수면을 지속적으로 이용할 수 있도록 보전·관리하고, 환경친화적인 매립을 통하여 매립지를 효율적으로 이용하기 위한 법률이다. 「공유수면관리 및 매립법」이 해저에 매장된 물건을 발굴할 때 필요한 법률로 열거되는 이유는 이를 발굴하려면 일정한 면적의 공유수면을 독점적으로 사용해야 하기 때문이다.

스페인과 오디세이 마린 익스플로레이션 사 사이의 분쟁

은 이 회사가 침몰선을 몰래 인양했다는 이유로 벌어졌는데, 이러한 분쟁은 우리나라에서는 일어날 수 없다. 왜냐하면 보물선을 탐사하려면 공유수면의 점용과 사용을 위한 조건에 따라 허가를 받아야만 하는데, 이 과정에서 충분히 연안국의 의사를 반영할 수 있기 때문이다.

다만, 이 법을 만든 목적으로 볼 때, 현재 우리나라에서 추진되고 있는 해저 매장물 발굴사업과 관련하여 공유수면 점용 허가를 먼저 받아야 하는가, 매장물 발굴 승인을 먼저 받아야 하는가의 문제가 제기될 수 있다.

또한 점용 면적과 기간을 합리적으로 산정할 수 있는 방법적인 문제도 있을 수 있다. 해저 매장물을 발굴하려는 사람은 되도록 넓은 면적과 긴 기간을 원하므로 이에 대한 대처가 필요하다는 것이다. 국유재산에 매장된 물건의 발굴에 관한 규정에 따르면, 발굴 전에 매장물 추정가액의 10퍼센트를 발굴보증금으로 납부하게 되어 있으나, 대부분 발굴보증금을 적게 납부하려고 추정가액을 실제보다 낮게 신청하고 있다. 이처럼 소액의 보증금만으로도 발굴 신청을 할 수 있다는 점을 이용하여, 발굴 신청자가 발굴사업 자체보다 다른 용도로 이를 악용할 가능성이 높다.

▲ 1897년 돈스코이호

실제로 최근에 일어난 돈스코이호 사건에서, 발굴을 하겠다고 나선 회사가 투자자들에게는 몇조 원 상당의 금괴가 있다면서 투자금을 모았지만, 해양수산부에는 소액의 보증금만을 낸 후 공유수면 점용과 사용 허가를 받았다. 다시 말

150조원 보물선 돈스코이호

◀ 투자금을 모은 회사의 로고

해 발굴될 보물의 가치를 적게 산정하여 사업을 시작한 뒤 투자자들에게는 과장된 광고로 현혹하여 뜻하지 않은 피해가 발생할 수 있는 이러한 조항은 개선할 필요가 있다.

이상에서 살펴보았듯이 매장된 보물에 대한 국내법들은 주로 육상 중심의 법으로 문화재 보호나 처리를 위한 규정과 일부 경제적 가치에 대한 조문만 있다. 바다의 특성을 감안한 법이 아니다 보니, 보물선을 어떻게 처리해야 하는지에 대해서는 한계가 있다. 특히 우리나라는 다른 나라에서 기원한 수중유물에 대한 소유권 또는 처리와 관할영역에 관한 규정이 없기 때문에, 우리나라 연안에서 다른 나라에서 만들어진 것이 분명한 유물을 발견했을 때 그 소유에 대한 분쟁이 벌어질 수 있어 관련 법제도의 정비가 필요하다.

04

우리 주변의 보물선 발굴 이야기

보물선 주인을 찾기 위해 살펴봐야 할 것들

이제 우리는 단순히 수천 억 금은보화의 경제적 가치가 있는 것만이 보물선이 아니라, 우리 선조들의 생활상을 엿볼 수 있는 문화적 가치가 있는 보물선도 귀중하다는 것을 알고 있다. 그리고 보물선이 누구의 것인지 정하는 문제가 매우 복잡하며, 국제법과 국내법을 고려해야 한다는 것도 알게 되었고, 관련된 법은 어떠한지 간략하게 살펴보았다. 이제부터 본격적으로 우리 주변의 보물선 발굴 이야기를 통해 법적으로 보물선이 누구의 것인지 찾아보기로 하자.

보물선의 주인을 찾으려면 어떤 문제들을 살펴보아야 할까?

먼저 보물선이 어디에 침몰되어 있는지 알아야 한다. 그 보물선이 원래 군함이었는지, 아니면 일반 선박이었는지를 파악해야 하고, 현재 침몰 해역은 어느 나라에서 관할하는지를 알아야 한다. 그리고 침몰 기간도 소유권과 관련된 고려 대상이므로 그 배가 바닷속에 얼마나 있었는지 알아야 하며,

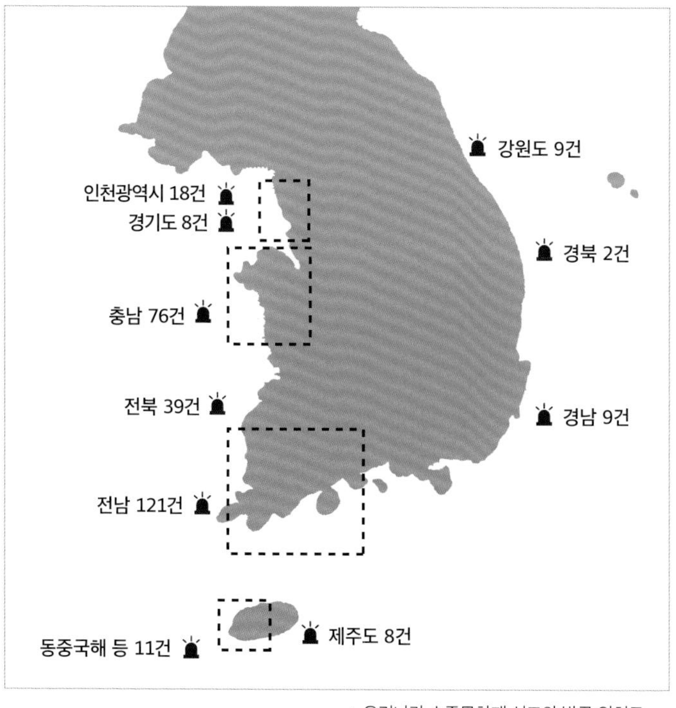

▲ 우리나라 수중문화재 신고와 발굴 위치도

문화적 가치와 경제적 가치, 둘 중 어느 쪽에 가까운지도 알아야 한다. 또 이러한 것을 누가 판단하는지, 소유주는 확인되었는지, 실제 소유자가 권리를 포기했는지 아닌지를 어떻게 판단할 수 있는지 등도 알아내야만 실제 보물선의 소유권을 확정할 수 있다.

우리나라에서 발견된 침몰 선박 가운데 보물선이라 할 만한 것으로는 그 배들이 가라앉은 지역의 이름을 딴 신안선, 완도선, 태안선, 마도 1~4호선, 영흥도선 등을 들 수 있다. 이 가운데 소유권 문제로 많은 사람들의 흥미를 끈 신안 해저유물, 고승호, 야마시타 보물선, 돈스코이호 등과 소유권 문제를 해결하기가 좀 더 복잡한 침몰 군함의 소유권에 대해 알아보기로 하자.

우리나라 인근의 보물선 발굴

신안 해저유물 발굴

이 발굴은 우리나라 수중고고학의 첫 역사였다는 점에서 수중유물 발굴의 대표적인 사례로 기록되어 있다. 신안 침몰선의 원래 국적은 중국이며, 일본으로 항해 중이던 무역선으로 추정된다. 항해 시기와 국적은 침몰 선박에서 발견된 유물들로 알게 되었는데, 중국 동전인 지대통보(至大通寶, 1310년 제조)와 화물표인 목패에 중국 연호 '지치 3년(至治三年, 1323년)'이라고 기록되어 있었다.

항로를 알려주는 유물들로는 청동추를 들 수 있다. 이 유물은 당시의 출항지를 밝히는 근거가 되었고, 일본 교토京都

▲ 신안 앞바다 유물 인양 작업(1976년)

동복사東福寺라고 쓴 목패(木牌: 화물표)는 목적지를 알려주는 중요한 단서가 되었다.

신안 유물의 소유권을 정할 때 중요했던 점은 그 발견된 지점이 우리나라의 영해였다는 것과, 군함이 아닌 상선이라는 점이었다. 처음 발견 당시, 신안 유물선의 원래 소유주가 중국인인지, 일본인인지, 고려인인지를 정확히 알 수 없어 그 소유권을 정하는 데 발견 지점이 중요한 열쇠가 되었다.

▲ 출항지: 중국 무역항 경원慶元이 새겨진 '청동추'
(사진 출처: 국립중앙박물관)

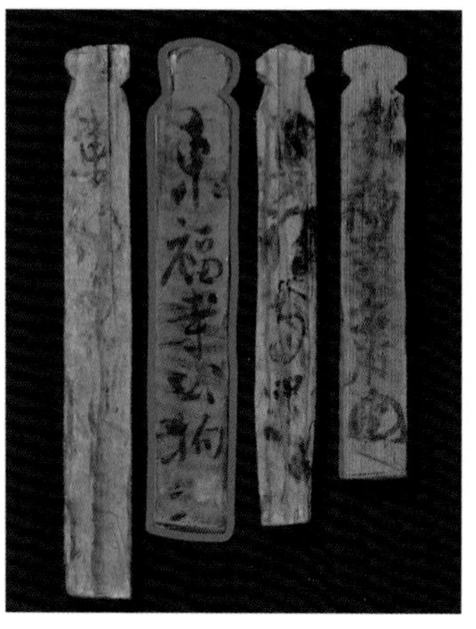

▲ 목적지: 일본 교토 동복사東福寺라고 쓴 목패
(사진 출처: 국립중앙박물관)

신안 유물선이 우리나라의 영해 내에서 발견되었기 때문에 연안국인 우리나라가 소유권을 갖게 된 것이다.

이러한 우리나라의 소유권 주장에 대해 중국과 일본은 자국이 이 유물들의 실제 주인이라는 명확한 증거를 댈 수 없었기에 소유권을 주장할 수 없었다. 또한 바닷속에 침몰된 기간이 약 800년이라는 점, 선박의 가치나 선박 안에 있는 유물들이 그 시대상을 엿볼 수 있는 문화적 가치가 있다는 점에서 보호 가치가 충분하다고 판단되었다.

고승호 발굴

고승호高陞號는 청일전쟁(1894~1895) 직전, 청나라가 영국에 빌린 배로 상선이었다. 청나라는 이 배에 청나라 군인(약 900여 명)과 총포, 군자금을 싣고 수송하던 중 1894년 7월 25일, 일본 해군의 공격을 받아 인천시 덕적면 울도 근해에서 침몰되었다. 침몰 후, 영국 정부는 일본 정부에 거세게 항의했지만 다음과 같은 사실이 판명되면서 문제가 일단락되었다.

고승호는 영국 국기를 게양하고 있었지만 청나라 군함과 동행했다는 점, 일본 해군이 멈추라는 정선 명령을 한 뒤 점검해보니 병력, 무기, 탄약 등을 수송하고 있었다는 점, 중립선이 비중립 역무에 종사하고 있었기에 이를 나포·연행하게 되었으며, 연행 중 영국 선장이 청나라 군인들이 위협하여 연행에 따를 수 없다고 무전 연락을 했다는 점, 이에 일본 해군은 경고를 한 뒤 실탄을 발사하여 격침했다는 점 등이었다.

이렇게 침몰 당시에는 문제가 일단락되었지만, 훗날 침몰된 고승호의 소유권과 관련하여 여러 가지 견해가 있었다. 배가 영국 국기를 게양했으니 소유권은 영국에 있다는 견해, 일본군에 의해 침몰되었으니 청일전쟁에서 승리한 일본에 있다는 견해, 청나라가 고승호 상선 전세금 미화 9천 달러를

돌려받지 않기로 합의했으므로 고승호의 소유권은 중국으로 이전되었다고 판단하는 견해, 고승호는 침몰 후 발굴하려는 등 원소유주에 의한 권리 확인 조치가 없었으므로 연안국인 우리나라에 있다는 견해였다.

또 고승호가 군함인가 민간 선박인가의 문제에 대해서도 여러 의견이 있었다. 침몰 시점에 이 배는 청나라가 비상업적 목적으로 운용한 정부용 선박인 군함이라는 견해와 배의 원소유주는 영국이며 영국 국기를 게양했으니 민간 선박이라는 견해였다.

침몰 군함의 소유권 문제는 침몰 군함의 본국이 자국의 권리를 명시적으로 포기했는가 아니면 묵시적으로 포기했는가에 따라 나뉜다. 통상적으로 연안국은 침몰 선박의 원소유주들과의 관계에서 묵시적 포기를 주장한다. 우리나라가 고승호 문제를 처리할 때도 중국이 고승호에 대해 자국의 권리를 확인하는 행위를 하지 않았기에 묵시적 포기의 이론을 원용할 수도 있을 것이다.

고승호의 유물은 골드쉽(주)이 인천지방해양수산청에서 발굴 승인을 받아 소총류, 도자기류, 유해, 은괴, 은화 등을 인양했으며, 신고된 유물 가운데 문화재위원회에서 문화재

(수중문화유산) 가치가 있다고 확인되었다. 이때 고승호 발굴 승인의 근거가 된 법은 「국유재산에 매장된 물건의 발굴에 관한 규정」이었다.

고승호 자체를 발굴하는 일에 대해 중국은, 고승호 인양 작업을 추진하지 않는 것이 바람직하지만, 추진하더라도 일본이 참여하거나 인양 선체와 유물이 일본에 매각되지 않게 해야 하며, 중국 군인의 유해와 일부 문화재에 대해서는 자국이 소유권을 가질 수 있다고 주장했다.

중국의 「수중문물보호 사업관리에 관한 규칙」(제2~3조)에는 중국은 자국의 내수, 영해 내와 영해 이외에 잔존하면서 중국 법률에 따라 중국이 관할하는 기타 해역 안의 수중문화유산의 소유권을 가지며, 외국의 영해 이외의 기타 관할해역과 공해에 있는 중국의 문화재는 소유자를 승인할 권리가 있다고 밝히고 있다. 따라서 중국의 국내법에 따라 다른 나라의 영해인 우리나라의 영해 안쪽에서 침몰한 고승호에 대한 소유권을 주장하거나 소유주를 확인할 권리는 없는 것으로 보인다.

▲ 고승호에서 인양한 유물들(사진 출처: 국립중앙박물관)

①멕시코 8레알(8reales) 무역 은화 4점 ②정육면체의 은괴 5점 ③혁대 장식 ④원형 띠의 틀이 있는 벽걸이 ⑤J자 형태의 벽걸이 ⑥영국에서 제작된 자기로 된 치약통 뚜껑 ⑦ 원래 갈색을 띤 병이지만 겉과 속에 이물질이 묻어 녹색으로 보인다 ⑧ 녹색 병으로 겉에 이물질이 묻어 반짝여 보인다 ⑨ 은으로 만든 고족배(높은 다리가 달린 잔)

야마시타 보물선

이 보물선에 대한 호기심은 제2차 세계대전 당시 일본 장교가 전쟁 후 복구비 마련을 위해 한반도와 중국을 비롯한 여러 지역에서 금괴와 문화재를 약탈하여 일본으로 가져가다가 미군 폭격기의 공격을 받고 침몰했다는 이야기에서 시작되었다. 우리나라 거제도 앞바다에서도 일본 군함 한 척이 침몰했는데, 이 군함이 야마시타 보물선으로 알려져 탐사가 이루어졌다.

일본 군함으로 추정되는 이 거제도 침몰선의 소유권은 '한일청구권 협정'에 따라 해석할 수 있다. 이 협정에 따르면, 우리나라 영토 안에 있는 모든 물건에 대한 권리는 우리 정부에 승계된 것으로 본다. 그러나 일본이 이러한 청구권의 대상에 침몰 군함에 대한 권리가 포함되지 않았다고 이의를 제기한다면, 이를 해결할 방안은 무엇일까? 한일청구권 협정에서는 먼저 외교 경로를 거쳐 해결하도록 규정하고 있으며, 이에 따라 해결할 수 없는 분쟁은 정해진 중재절차에 따라 해결하도록 하고 있다(제3조).

한일청구권 협정에서 우리나라에 있는 모든 것을 대한민국 정부에 승계한다고 했다면 침몰된 군함도 포함된 것으로 보아야 할 것이다. 이는 군함뿐만 아니라, 우리나라 곳곳에 설치된 군사시설 및 군무기의 처리에서 명확해진다. 이러한 논거를 인정한다면 거제도에 침몰된 군함도 우리나라에 승계된 것이며, 우리나라의 국내법을 적용받는다.

야마시타 보물선의 발굴에 대해서는 「국유재산에 매장된 물건의 발굴에 관한 규정」을 적용할 수 있다. 남해안은 국유이므로 이 지역에서 보물을 발굴하면 그 보물의 80퍼센트를 국가에 청구할 수 있을 것이다.

그러나 이 군함의 실체가 확인된다면 일제 강점기의 침몰 선박이 발견·발굴된 적이 없기 때문에 선박 자체만으로도 문화적·역사적 가치가 있을 것이며, 선적된 물건 또한 이러한 가치를 가진다고 볼 수 있다. 이러한 입장은 결국 문화재위원회에서 결정할 사안이기는 하지만 문화재로 판명될 경우 「매장문화재 보호법」에 따라 국가의 소유가 되며, 발견자에게는 발굴된 문화재의 가치와 규모를 고려하여 포상금을 지급하게 된다.

돈스코이호의 발견

드미트리 돈스코이*Dmitri Donskoi*호는 1905년 러일전쟁 당시 울릉도 근해에서 침몰한 5800톤급 러시아의 군함이다. 돈스코이호가 우리의 관심을 끌고, 아직도 돈스코이호를 찾기 위한 모임이 활동하는 이유는 우선 엄청난 규모라고 알려진 경제적 가치와, 침몰 당시에 보여준 군함으로서의 돈스코이호의 모습 때문일 것이다.

돈스코이호는 발틱 함대의 군자금으로 사용할 수십조 원의 금괴를 넘겨받고 블라디보스토크 항으로 도주하던 중 일본 함대와 필사적으로 맞섰다. 하지만 1905년 5월 29일 울릉도 저동 앞바다에서 일본 손에 넘어가는 것을 막기 위해 장병들을 먼저 울릉도 해변으로 대비시킨 후 배수용 판을 열고 기계 펌프에 구멍을 내어 스스로 침몰하게 했다.

돈스코이호에 수십조 원의 금괴가 있는지 없는지는 발굴을 해야 알 수 있겠지만, 발굴 전에 이 군함의 소유권 문제에 대해 생각해볼 수는 있다. 이에 대한 쟁점은 우리나라 연안에서 침몰한 외국의 군함을 어떤 입장으로 보아야 하고, 이때 법적인 쟁점은 무엇인가이다.

돈스코이호와 관련된 최대의 쟁점은 돈스코이호가 군함

▲ 드미트리 돈스코이호

이라는 점이다. 군함은 주권면제의 대상이기 때문에 만약 침몰 군함도 군함이라 한다면 아무리 우리나라 영해 안에 있다 해도 러시아의 동의 없이 우리나라가 마음대로 발굴하여 처분할 수 없을 것이다. 그리고 돈스코이호가 침몰할 때 러시아가 돈스코이호에 대한 소유권을 묵시적으로 포기했는가를 증명하는 것이 소유권 확인의 쟁점이 될 수 있다. 러시아는 돈스코이호가 침몰된 이후 지금까지 돈스코이호를 발굴하려는 그 어떤 노력도 하지 않았으므로 소유권을 묵시적으로 포기했다고 볼 수 있다는 의견도 있다.

일본과의 관계도 염두에 둘 부분이 있다. 돈스코이호는 러일전쟁의 전승국인 일본의 전리품인가, 아니면 일본에 항복하지 않고 스스로 침몰을 선택했으므로 러시아의 소유인가, 또는 스스로 침몰했으므로 러시아가 돈스코이호에 대한 소유권을 포기한 것인가 등등 여러 가지 해석과 의견이 있을 수 있다.

위와 같은 상황이라 해도 돈스코이호가 침몰한 지역이 우리나라의 영해이므로 연안국의 동의 없이는 러시아나 일본이 단독으로 돈스코이호를 발굴할 수 없다. 따라서 우리나라는 돈스코이호를 인양하기에 앞서 이러한 문제를 충분히 검토한 후 발굴해야만 소유권 분쟁에 휘말리지 않을 것으로 보인다.

돈스코이호에서 인양된 물건 중 학술, 기예 또는 고고학의 중요한 자료가 되는 물건이 발견되었다면 그 소유권은 어떻게 해야 할까? '문화재 관련 규정(「매장문화재 보호법」 제20조와 「민법」 제255조)'을 적용하여 발견자가 아닌 국가가 소유해야 할까?

돈스코이호의 선체나 선체의 부속물 또는 승조원들이 쓰

던 유품과 같은 물품은 역사적인 가치가 높아 수중문화유산으로 보아야 한다. 그러나 금괴 또는 금화 등과 같은 재화적인 요소가 발굴된다면 두 가지 입장이 있을 수 있다.

하나는, 문화적인 가치보다는 경제적인 가치가 높기 때문에 문화재로서 국유화하기보다 매장물의 발견에 의한 소유권 취득 규정을 적용해야 한다는 것이다(「민법」 제254조의 '매장물의 소유권 취득'과 「국유재산에 매장된 물건의 발굴에 관한 규정」 제16조에 의한 '국유매장물의 보상' 규정). 다른 하나는 금괴 또는 금화가

▼ 종합 해양탐사 모식도. 돈스코이호가 발견된 실제 울릉도 해저지형

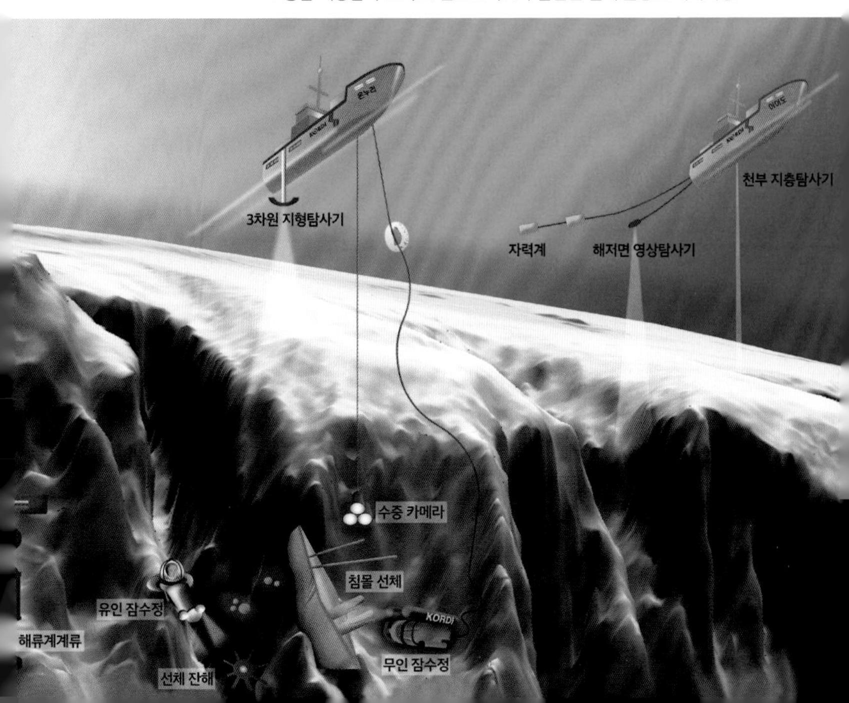

당시에는 재화적 요소로 사용되었지만 현재는 당시의 문화적인 증거로서 수중문화재로 보아야 한다는 것이다.

만약 돈스코이호의 금괴 또는 금화 등을 재화적인 요소로 본다면 발굴자는 「국유재산에 매장된 물건의 발굴에 관한 규정」 제16조 제1항에 따라 추정가액의 80퍼센트를 국가에서 보상받을 수 있을 것이다. 반면, 문화재로 볼 경우 「매장문화재 보호법」에 따라 국가 소유가 되며, 발견자에게는 발굴된 문화재의 가치와 규모를 고려하여 포상금을 지급하게 된다.

그러나 침몰 군함에 대해 국제법이나 우리나라의 국내법에는 그 입장이 명확하지 않아 이를 발굴하려면 신중해야 한다. 현재 유네스코의 「수중문화유산 보호협약」이 발효되었지만 러시아는 노르웨이, 터키, 베네수엘라와 함께 반대해왔으며, 우리나라와 마찬가지로 이 협약의 회원국이 아니다. 국제법에 따르면, 협약은 당사국에만 유효하며 비가입국에는 적용되지 않기 때문에 돈스코이호의 발굴 작업에서 러시아와의 소유권 문제는 여전히 불씨로 남는다.

외국의 보물선 발굴

오디세이 사건

오디세이 마린 익스플로레이션(Odyssey Marine Exploration, Inc. 이하 오디세이 사)은 미국 플로리다에 본사를 둔 보물선 탐사업체로, 현재는 해저광물자원 개발로 사업 영역을 확장하고 있다.

오디세이 사의 보물탐사와 관련하여 난파선의 침몰 지역이 어디인지, 그리고 난파선이 군함인지 또 누구 것인지를 확인하는 과정에서 벌어진 흥미로운 사례를 소개하기로 한다.

오디세이 사는 1998년과 2001년 사이 17세기 말 지브롤터 해협에서 침몰한 영국 전함 서식스HMS *Sussex*호를 수색했으며, 난파선은 바닷속 821미터 깊이에 있다고 밝혔다. 2002년 9월

▲ 폭풍우에 침몰하는 서식스호

오디세이 사는 이 난파선을 인양하기 위해 영국 정부와 인양 계약을 체결했다. 서식스 호는 프랑스와 전쟁을 치르기 위해 지브롤터 앞바다를 지나던 중 폭풍우를 만나 침몰했는데, 약 6억 달러에 이르는 어마어마한 양의 금화를 싣고 있었다고 한다.

오디세이 사는 국제법상 서식스 호의 소유권자인 영국 정부와 인양된 보물의 가치가 4천5백만 달러 이하이면 80퍼센트, 4천5백만~5억 달러이면 50퍼센트, 5억 달러 이상이면 40퍼센트를 배분받기로 인양 계약을 체결했다. 그런데 이 난파선이 침몰한 위치에 대해 오디세이 사는 이 지역이 국제해역에, 스페인 정부는 스페인 해역에 있다고 주장했다.

난파선의 위치를 조사한 결과, 해도에서는 공해High sea라고 표시된 지브롤터 남동쪽으로, 지중해 지역의 영토 권리는 지브롤터(Gibraltar, 스페인 본토에 있는 영국 영토)와 세우타(Ceuta, 아프리카 본토에 있는 스페인 영토)로 복잡했다.

스페인은 지브롤터는 영해가 없다고 주장하면서 다른 해도를 제시하면서 그 지역이 스페인의 12해리 영해 안에 있다고 주장했다. 이에 대해 영국의 고고학위원회는 난파선이 스페인 또는 국제적으로 논란이 되는 바다에 있는 것으로 이해

된다고 말했다.

이처럼 난파선이 침몰한 위치가 어디냐에 따라 이를 관할하는 연안국과의 문제가 벌어진다. 오디세이 사는 스페인의 주장을 받아들여 스페인의 지역정부인 안달루시아가 대리인을 내세운다면 서식스 조사에 협조할 수 있다고 했으며, 안달루시아 지방정부는 오디세이가 제시한 인양 계획이 안달루시아의 법률을 준수하지 않았으므로 전문가를 임명하지 않았다고 했다. 이후 스페인의 반대로 서식스 인양 계획은 중지 상태이다.

한편, 2007년 3월 오디세이 사는 지브롤터에서 블랙 스완Black Swan이라는 또 다른 프로젝트를 시작했다. 여기서 오디세이 사는 선박 한 척을 발굴했고, 이 난파선에서 인양한 보물을 미국으로 옮기기 위해 지브롤터에서 수출입 허가를 받았다. 이 과정에서 스페인은 이 난파선은 스페인의 군함 메르세데스*Nuestra Señora de las Mercedes*라고 주장하면서 미국 재판소에 오디세이 사를 상대로 소송을 제기했다.

2009년 미연방법원은 이 난파선이 스페인 군함 메르세데스임을 인정하여 스페인의 소유권을 인정했다. 오디세이 사는 이에 불복하여 대법원에 항소했는데 2012년 2월 대법원

▲ 영국 군함의 공격으로 폭발하는 메르세데스호(1804년)

은 오디세이 사에게 스페인에 보물을 양도하라고 최종 판결을 내렸다.

이 두 가지 사건은 난파선이 연안국의 영해 안에 있는가, 아니면 공해에 침몰했는가 그리고 군함인지 아니면 민간 선박인지에 따라 협력해야 할 대상과 적용해야 할 법률이 다르다는 것을 보여준 사례이다.

나히모프호 사건

나히모프*Nakhimov*호는 러시아 군함으로 러일전쟁 당시 1905년 5월 27일 일본 연안에서 침몰했다. 1970년대 말부터 1980년대 초까지 일본의 해난구조회사인 '일본해양개발'이 이 선박을 해난구조했다는 보도에 1980년 러시아(당시 소련)는 나히모프호의 소유권을 주장하고 나섰다. 러시아는 "나히모프호에 대한 권원 및 권리를 계속 유지하고 있다는 주장"을 일본 정부에 전달했다.

이러한 항의에 대해 일본 정부는 관련 선박이 나히모프호인지 아닌지 확인되지 않았다고 회신했고, 나히모프호가 이 지역에 침몰되기 전 일본 해군이 포획했고, 해전 법규에 따라 포획된 적의 군함 및 그 적재 재산에 대한 권원은 포획국에 즉시 최종적으로 이전된다고 덧붙였다.

그러나 러시아 정부는 "국제법에 따라 침몰된 군함은 그 나라 이외의 어떠한 국가의 관할권으로부터 완전히 면제되므로 일본 측이 취한 조치는 불법적이다. 러시아는 나히모프호와 그 재산에 대한 권리를 확인하고 그 선박 및 재산의 해난구조 작업에 대한 모든 문제는 러시아와 합의하여 결정하지 않으면 안 된다"고 주장했다.

이에 대해 일본은 외교 경로를 통해 “위와 같은 러시아의 항의는 전체적으로 근거가 없으며 일본 측은 그러한 항의를 받아들일 수 없다”는 내용을 러시아에 통고한 후 현재까지 이에 대한 양국의 공식적인 입장은 중지되어 있다.

나히모프호 사건은 일본 해군이 포획한 전리품으로 일본에 소유권이 이전되었다는 입장과 침몰된 군함은 군함의 국적국 이외의 어떠한 국가의 관할권으로부터 완전히 면제된다는 전통적인 입장이 대립된 사건이다.

나히모프호는 현재 일본의 영해 안에 침몰되어 있어 연안국인 일본에 유리하지만 나히모프호가 군함으로서 일본의 전리품인가에 초점이 맞춰져 있다. 다만 일본과 러시아가

▼ 나히모프호(1892년)

「수중문화유산 보호협약」에 가입을 하지 않은 상황이라 문제를 해결하려면 양국 간의 새로운 노력이 필요하다.

미국 · 구소련 간 핵잠수함 인양사건

이 사건은 1975년 3월 19일 미국의 여러 신문에서 미국 CIA가 당시 소련 잠수함(K-129)과 그 잠수함의 장비 및 선원들의 시체들을 인양했다고 보도하면서부터 시작되었다. 그 내용은 1968년 하와이 서북방 공해상에서 침몰된 소련 잠수함을 1974년 미국이 CIA 선박인 '글로마 익스플로러*Glomar Explorer*'호를 해양조사선으로 위장하여 비밀리에 인양했다는 것이다. 이는 소련 잠수함이 행방불명된 지 7년 만에 일어난 사건으로, 침몰 잠수함에 대해 소련이 자국의 권리를 명시적으로 포기하지 않았다는 것이 쟁점이었다.

소련은 미국이 침몰 선박을 인양했다는 소식에 자국의 권리를 주장하면서 격렬하게 항의했다. 즉, 이 핵잠수함은 침몰된 지 7년밖에 지나지 않은 군함이므로 수중문화유산으로 볼 수 없고, 미국의 영해가 아닌 공해상에서 침몰했으므로 그 소유주가 소련이 명백할 뿐 아니라 소련의 명시적 포기도 없었다는 것이다. 이 사건은 외교 문제로 번졌다.

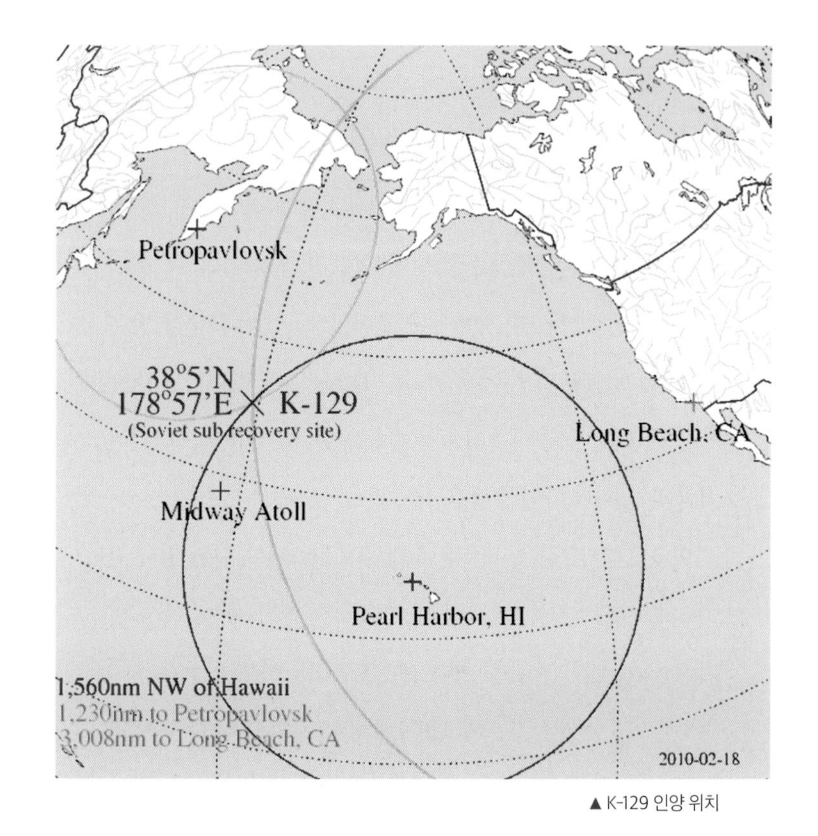

▲ K-129 인양 위치

사실 이 사건에서 미국은 "명시적으로 포기한 군함에 한해서만 해난구조를 허용하는 관습국제법규를 따르고 존중한다"는 정책을 명백히 위반했다. 이는 당시 냉전시대라는 정치·군사적 상황을 반영한 사건으로 보아야 할 것이다.

시 헌터 사건

이 사건은 1996년 미국 버지니아주정부에서 「1987년 포기된 난파선법Abandoned Shipwreck Act of 1987」에 따라 2세기 전 버지니아 연안에 침몰한 난파선에 대한 인양 허가를 시 헌터Sea Hunt 사에 발급한 것에서 비롯되었다. 인양 허가를 받은 시 헌터 사가 난파선(주노*Juno*호, 갈가*La Galga*호)을 발견하자 스페인은 이 선박들에 대한 소유권을 포기한 적이 없다고 하면서 자국의 소유권 확인 소송을 제기했다.

이 사건의 쟁점은 미국과 스페인이 1902년 체결한 양국 간 「우호일반관계조약Treaty of Friendship and General Relations」에서 난파 선박에 대한 소유권 포기 규정의 해석 여부(이 조약에 따르면 양국 모두 명시적인 행위로만 난파선에 대한 소유권을 포기할 수 있다), 1987년 미국의 「포기된 난파선법」의 해석 여부, 1763년 「프랑스, 영국, 스페인 간 평화조약Definitive Treaty of Peace between France, Great Britain and Spain」의 영토 할양에 난파선이 포함되는가 하는 것이었다.

1999년 연방지방법원은 주노호에 대해서는 스페인의 소유권을 인정했으나, 갈가호는 버지니아주에 속한다고 했다. 그러나 2000년 연방항소법원에서는 이 조약에서 스페인이

▲ 미국 버지니아 주 애서티그섬 해안에서 발굴된 라 갈가호와 주노호에서 나온 것으로 추정되는 복원하기 전의 닻(왼쪽)과 동전들

미국에 양도하기로 한 '국가와 영토에 의존하는 모든 것'이란 부근의 부속도서 같은 것을 의미할 뿐이며, 침몰 군함은 그 대상에 포함되지 않으며, 또한 스페인이 침몰 군함을 포기했다는 명백한 증거가 없다고 판결했다.

따라서 미국 연방항소법원은 스페인이 갈가호를 포기했다는 연방지방법원의 판결을 파기하고, 이 두 선박에 대한 스페인의 소유를 인정했다.

연방지방법원의 판결이 있은 뒤, 영국은 외교 각서에서 「1763년 프랑스, 영국 및 스페인 간 평화조약」 제20조는 영토 주권의 이양에 관한 것이므로 스페인의 갈가호에 대한 명백한 권리 포기를 함축하는 것으로 해석해선 안 된다고 하면서 미국 정부는 이 선박들에 대한 스페인의 소유권을 인정하는 것이 1902년 미국과 스페인 간 「우호일반관계조약」과 일반 국제관습법에 따른 자국의 의무라고 했다.

시 헌터 사건은 침몰 군함의 법적 지위와 관련하여 침몰 군함은 주권면제의 대상이라는 최근의 미국 국내법의 입장을 확인한 사건이었다. 연방지방법원 판결이 있은 후 영국과 미국 정부의 입장은 해양국의 전형적인 침몰 군함에 대한 주권면제의 시각을 확인해준 사례라고 할 수 있다. 왜냐하면 미국은 이 사건에서 스페인을 지원함으로써 수천 척의 자국 선박과 군묘지에 대한 미국의 권원이 있음을 선언한 것이라고 볼 수 있다.

그러나 1974년 미국의 소련 잠수함 인양 사건과 같은 예에서 볼 수 있듯이 침몰 군함에 대한 획일적인 기준은 없다고 판단해야 할 것이다. 그리고 1985년에 보물 사냥꾼 피셔Mel Fisher가 1622년 플로리다 키스Florida Keys 제도 근해에서 침몰한 아토차*Nuestra Señora de Atocha*호를 발견하여 4억 달러에 달하는 보물을 인양한 후, 당시 스페인 국왕에게 그 대포 1문을 선사했을 때 스페인이 아무런 조치도 취하지 않았던 것을 보

▲ 아토차호

면, 스페인도 침몰 군함의 주권면제에 대한 인식이 최근 들어 바뀐 것으로 보인다.

▲ 아토차호에서 건져 올린 대포 1문

앨라배마호 사건

이 사건은 1984년 프랑스 다이버들이 프랑스 영해에서 앨라배마*Alabama*호를 발견하면서 이 선박의 국적국인 미국의 소유권과 연안국인 프랑스의 소유권에 대한 문제를 해결하기 위해 약정을 체결한 선례이다.

앨라배마호는 미국 남북전쟁 당시 남군 소속 군함으로, 프랑스 셰르부르Cherbourg 연안에서 약 7해리 떨어진 곳에 1864년 6월 19일 북부 연합군의 키어사지*Kearsarge*호와 전투

▼ 앨라배마호

▲ 키어사지호

를 벌이다가 침몰했다. 미국과 프랑스 정부는 앨라배마호의 역사적·고고학적 중요성을 인식하고 이 난파선의 보호와 연구를 위해 상호 협력하기로 협정을 체결했다.

두 나라는 난파물 주변을 보호하기 위한 보호구역을 설정하고, 양국 대표로 과학위원회를 구성하여 여러 문제를 처리하도록 했다.

▲ 앨라배마호와 키어사지호의 전투

05

보물선에 대한 새로운 시각

해양과학기술의 발전에 힘입어 과거에는 상상도 할 수 없었던 보물선들이 세상에 모습을 드러내고 있다. 아주 깊은 바다에 있던 보물선을 인양하기도 하고, 침몰 전 원상태로 복원하기도 한다. 우리는 앞에서 보물선이 금은보화를 포함하는 경제적 가치와 함께 선조들의 생활상을 엿볼 수 있는 문화적, 고고학적 가치가 있음을 살펴보았다. 그리고 보물선을 포함한 수중문화유산을 어떻게 처리해야 하는지에 대한 국제법이나 국내법이 많은 부분에서 부족하다는 것도 알 수 있었다.

먼저 국제법의 영역에서는 「유엔해양법 협약」의 2개 조문

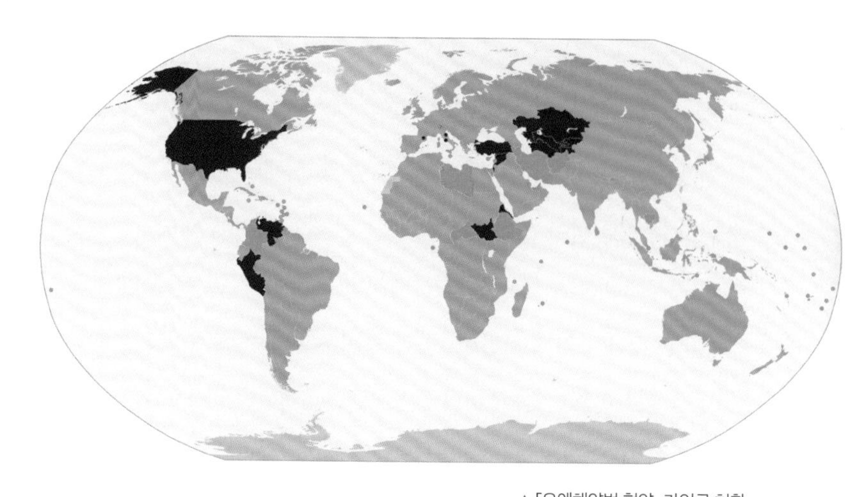

▲「유엔해양법 협약」 가입국 현황

: 협약에 비준함 : 협약에 서명했으나 아직 비준하지 않음 : 협약에 서명하지 않음

은 수중문화유산을 보호해야 한다는 일반적 의무만을 부과하고 있을 뿐, 구체적인 처리에 대해서는 아무런 규정을 두고 있지 않다. 그리고 유네스코 「수중문화유산 보호협약」이 발효되기는 했지만, 국제법의 성격상 조약 당사국 사이에만 효력이 발생하므로 2019년 8월 현재 61개국이 가입한 상황으로 볼 때 보물선을 포함한 수중문화유산의 보편적 합의가 이루어졌다고 할 수 없다.

우리나라도 보물선을 포함한 수중문화유산의 소유권 처리에 대한 규정은 「매장문화재 보호 및 조사에 관한 법률」과 「유실물법」상의 소유권 취득 규정 등 몇몇 개별법에서 다루고 있는 내용을 유추·적용하고 있다.

현재 우리나라의 법규상 수중유물 중 그 선체나 선체의 부속물 또는 승무원이 쓰던 유품과 같은 물품의 성격에 대해서는 수중문화유산 보호를 위한 국제적인 움직임과 그 정신상 수중문화유산으로 규정하여 그 소유권을 발견자에게 주는 것이 아니라 국유로 해야 한다. 또 금괴나 동전 등과 같은 경제적인 가치를 지닌 물품이 발굴될 경우에도 매장물의 발견에 의한 소유권 취득 규정을 적용할 것이 아니라 발견된 동전과 금괴의 역사적, 문화적 요소를 검토하여 수중문화유산으로 보는 것이 타당할 것이다.

그러나 우리나라는 원래 다른 나라의 것이었던 수중유물에 대한 소유권 또는 처리에 대한 규정이 없어 우리나라 연안에서 그러한 유물을 발견했을 때 그 소유 문제에 대비한 관련 법제도를 정비할 필요가 있다. 이를 위하여 새로운 법을 제정하거나 기존의 「매장문화재 보호법」 등 관련 법률을 개정해야 한다. 이로써 우리 연안에 매장된 보물선을 보호할 근거를 마련할 수 있을 것이다.

보물선에 대한 경제적 가치에 주목하는 것에 덧붙여 문화적 가치에도 관심을 기울여야 한다. 문화산업의 효과를 이야기할 때, 할리우드 영화 「쥬라기 공원」(8억 5천만 달러)이나 「타이타닉」(12억 달러) 한 편이 일구어낸 경제적 효과가 우리나라가 일 년 동안 수출한 반도체나 자동차 수출액(자동차 150만 대 수출)을 훨씬 뛰어넘는다는 예를 많이 제시한다.

이처럼 문화는 무형의 자산일 뿐 아니라, 경제적 가치를 창출할 수 있는 재화이기도 하다. 스웨덴이 바사 호를 인양하면서 문화적 가치를 관광자원으로 활용한 것은 참고할 만한 문화친화적인 정책이다.

우리나라는 반만 년 역사를 가진 문화민족이며, 3면이 바다로 둘러싸여 바다를 이용한 민족이다. 그러나 안타깝게도 우리나라는 문화재 보호를 위한 재정 기반이 워낙 취약하고 전문 인력 또한 턱없이 부족하다. 보물선에 대하여 우리는 보물선에 금괴가 얼마나 있는지보다는 이러한 보물선에 담겨 있는 우리 선조들의 발자취를 찾는 문화적 측면ㄴ에서 접근하는 것이 좋을 것이다.

우리가 다음 세대에 물려줄 수 있는 것은 건전한 환경과 우리 고유의 문화유산이다. 지금도 우리 연안의 수중유물은 도굴꾼들의 표적이 되고 있으며 인접 연안국들과 분쟁의 대상이 되고 있다.

▲ 정교하게 조각되어 있는 바사호의 위쪽 가로대(바사 박물관)

보물선을 지키기 위해 우리는 무엇을 해야 할까? 뜨거운 가슴으로만 우리의 보물선을 지킬 수 있을까? 우리의 보물선을 지키기 위해서 예상할 수 있는 여러 분쟁에 대한 근거를 마련하는 것, 또한 이를 둘러싼 법에 대해 아는 것도 우리 문화를 지키기 위한 하나의 행동이 될 것이다.

참고문헌

이석용, "해저문화유산과 침몰군함의 법적 지위", 국제법학회논총(제46권제2호), 2001, p.143~145

Luigi Migliorino, "The Recovery of Sunken Warships in International Law", in B. Vukas(ed.), *Essays on the New Law of the Sea* (Zagreb: Sveucilisna naklada, 1985), p.251.

Caflisch, "Submarine Antiquities and the International Law of the Sea", *Netherlands Yearbook of International Law*, Vol. 13, 1982 at 22, note. 74.

David J. Bederman, "Rethinking the Legal Status of Sunken Warships", *Ocean Development and International Law*, Vol.31, 2000, p.98.

Martin, C., Flemming, N., "Underwater Archeologists" in Flemming, N.(ed.), *The Undersea* (London: Cassel & Company Ltd., 1977), p.203.(박사논문)

P. Rubin, "Sunken Soviet Submarines and Central Intelligence; Laws of Property and the Agency", *American Journal of International Law*, Vol. 69, 1975, pp.855~858. 참조.

29 *Japanese Annual of International Law*(1986), pp.185~187.

Norris M. J., *Benedict on Admiralty*, vol. 3A, *The Law of Salvage*, 7th ed., (New York: Matthew Bender, 1983), para. 1-7.

Koenig, R.A., "Property Rights in Recovered Sea Treasure: The Salvors erspective", *3 N. Y. J. Int'l & Comp.* L.(1982), p. 281.

사진 출처

11쪽 Beidecke Library (© Robert Louis Stevenson)

13쪽 국립해양문화재연구소 그림 참조

20쪽 https://www.unesco.or.kr/news/ (© UNESO/ E. Trainito)

26쪽 https://en.wikipedia.org/wiki/ (© Grzegorz Petka)

27쪽 The Gentleman's Magazine 55 (1785), https://en.wikipedia.org/wiki/

31쪽 (왼쪽) https://nl.wikipedia.org/wiki/Teredinidae (© A. Le Roux)

(오른쪽) https://cryptic25.imascientist.org.uk (© Mark A. Wilson, College of Wooster)

33쪽 (위) https://en.wikipedia.org/wiki/

(아래) http://www.gc.noaa.gov/ (©Courtesy of NOAA/Institute for Exploration/University of Rhode Island)

35쪽 https://en.wikipedia.org/wiki/ (© Peter Isotalo)

40쪽 https://en.wikipedia.org/wiki/

55쪽 https://slideplayer.com/slide/3556106/

80쪽 http://navsource.narod.ru/photos/

88쪽 https://zh.wikipedia.org/wiki/

97쪽 https://www.flickr.com/photos/smu

102쪽 http://www.andalucia.com/history/hmssussex.htm

105쪽 https://en.wikipedia.org/wiki/ (National Maritime Museum)

107쪽 https://en.wikipedia.org/wiki/ (Russian Fleet - Saint Petersburg)

109쪽 https://en.wikipedia.org/wiki/ (© Enemenemu)

111쪽 https://www.nps.gov/Archeology/ (© nps)

113쪽 (위) https://www.nauticalnewstoday.com/

(아래) https://en.wikipedia.org/wiki/ (© Paul Hermans)

114쪽 https://en.wikipedia.org/ (© Rear Admiral J. W. Schmidt)

115쪽 http://www.battleships.spb.ru

116쪽 https://www.philamuseum.org/collections/

119쪽 https://en.wikipedia.org/wiki/

122쪽 https://en.wikipedia.org/wiki/ (© Bengt Nyman)